新 形 态 教 材
生 物 制 药 系 列

U0683345

生物化学实验

Experimental Biochemistry

主 编　刘　煜

副主编　梁昌镛　卞筱泓　刘立丽

编 者　（按姓氏拼音排序）

卞筱泓　李睿岩　梁昌镛

刘立丽　刘　煜　宋潇达

叶俊梅　赵淑玲

中国教育出版传媒集团
高等教育出版社·北京

内容提要

本书包括实验准备,以及氨基酸和蛋白质、核酸、酶、维生素、糖类、脂质、物质代谢、拓展性与综合性实验八个部分,共计 22 个实验项目,涵盖了生物制药领域中生物化学研究的常用方法和技术。本书选取的实验项目既包括旨在加强学生基本知识掌握的验证性实验项目,还包括融入新技术和新手段的拓展性和综合性实验内容。

本书编写方式采用模块化设计,使用者可根据本校教学需求和实验条件自由选取、组合形成自己的实验教学体系。随着实验室安全被日益重视,本书在实验准备部分增加了实验室安全教育和常用仪器与分析软件的使用等内容。数字课程配有教学课件、自测题、参考文献、实验报告和操作视频等资源,供读者观看使用。

本书内容全面,可操作性强,可作为高等院校生物制药及相关专业本科生的生物化学实验教材,也可供教师、研究生及科研工作者参考。

图书在版编目(CIP)数据

生物化学实验 / 刘煜主编 . -- 北京:高等教育出版社,2023.2

ISBN 978-7-04-058704-3

Ⅰ. ①生… Ⅱ. ①刘… Ⅲ. ①生物化学 – 化学实验 – 高等学校 – 教材 Ⅳ. ① Q5-33

中国版本图书馆 CIP 数据核字(2022)第 090832 号

SHENGWUHUAXUE SHIYAN

策划编辑	单冉东	责任编辑	单冉东	特约编辑	陈亦君	封面设计　李小璐
责任印制	高　峰					

出版发行　高等教育出版社
社　　址　北京市西城区德外大街4号
邮政编码　100120
印　　刷　北京市艺辉印刷有限公司
开　　本　889mm×1194mm　1/16
印　　张　9.25
字　　数　280 千字
购书热线　010-58581118
咨询电话　400-810-0598

网　　址　http://www.hep.edu.cn
　　　　　http://www.hep.com.cn
网上订购　http://www.hepmall.com.cn
　　　　　http://www.hepmall.com
　　　　　http://www.hepmall.cn

版　　次　2023 年 2 月第 1 版
印　　次　2023 年 12 月第 2 次印刷
定　　价　30.00元

数字课程（基础版）

生物化学实验

主 编 刘 煜

Abook

生物化学实验

　　本数字课程与《生物化学实验》教材一体化设计，紧密配合。数字课程资源包括教学课件、自测题、参考文献、实验报告和操作视频，以便读者根据教学需求选用。

| 用户名： | 密码： | 验证码： | 5360 忘记密码？ | 登录 | 注册 |

http://abook.hep.com.cn/58704

扫描二维码，下载 Abook 应用

前　言

随着生物医药行业的快速发展，相关人才需求日渐增大。2010年，教育部批准了包括中国药科大学在内的6所高校设立生物制药本科专业。至2021年，全国已设立生物制药专业办学点115个。作为一个新设立专业，生物制药专业的教学质量国家标准尚未颁布，缺乏统一的教学标准和要求。为了保证该专业的办学质量和规范，教育部药学类专业教学指导委员会生物制药专业分委会与高等教育出版社合作，建设一套面向生物制药及药学相关专业使用的本科生教材，本书也有幸获评入选。

中国药科大学是我国最早设立生物制药本科专业的高等院校之一，也是首批入选生物制药国家一流本科专业建设点的高校。在多年的教学实践中，中国药科大学已总结摸索出一套适用于生物制药及药学相关专业的生物化学实验课程体系，并于2020年在高等教育出版社出版了《生物化学实验数字课程》（ISBN 978-7-89510-985-8）。通过高等教育出版社数字课程出版云平台，学生可以使用手机、电脑预习实验内容，观看标准操作视频，在线提交实验结果和实验报告。该数字课程已在线运行了三个教学周期，得到师生普遍好评，是对新型数字教材的一次有益尝试。

本次出版的纸质教材是在上述数字课程基础上，进一步融合了扬州大学和浙江理工大学的实验教学内容，形成了一本面向生物制药及药学相关专业的生物化学实验教材，既可以结合数字课程使用，也可单独使用。纸质教材内容包括氨基酸和蛋白质、核酸、酶、维生素、糖类、脂质、物质代谢、拓展性与综合性实验八个部分，力图满足不同层次、不同实验条件的高校相关专业的教学需要。书中实验准备内容包括实验安全教育和常用仪器使用注意事项，旨在为现今对实验安全的愈加重视而设计，建议参考该内容在实验第一课进行实验室安全教育。

本教材的实验项目均为编者所在学校多年来开设的实验内容，简练易行，适合拓展学习。在内容编排中，以生物药物研制为目标指引，将基础生物化学内容通过模块化、积木式拼接，形成综合实验。通过实验训练，学生不但能更好地理解生物化学理论知识，还能全面了解生物药物的基本研发流程，为生物制药专业及药学相关专业学生今后从事医药研制相关工作打下坚实的基础。

本教材同步建设的数字课程（基础版）包括教学课件、操作视频、参考文献等拓展学习资源，相关高校可利用有关资源进行多层次、多角度的线上线下混合教学并设计相应的评价体系，引导学生带着问题开始实验，在实验中探寻解决问题的方法，加深学生对生物化学理论知识的理解，更好地掌握该项实验技术。

教材编写过程中，各校编者不畏寒暑，忘我工作，使各项编写工作圆满完成。在此，谨代表全体编者对支持本教材出版的各位专家、学者及中国药科大学、扬州大学、浙江理工大学和高等教育出版社与温州医科大学等单位表示衷心的感谢。

生物化学的发展日新月异，国内已有多本各具特色的实验教材，因此新编一本具有生物制药专业特色的、能被各位同仁广泛接受的《生物化学实验》教材难度很大。限于作者专业水平，难免存在一些不足不当之处，欢迎广大同行不吝批评指正，以期日臻完善。

编者

2022年1月

目　录

第四部分　维生素

第五部分　糖类

第六部分　脂质

第七部分　物质代谢

第八部分 拓展性与综合性实验

实验准备

▶ **生物化学实验室安全教育**

一、实验室用水安全

1. 节约用水

每次用完水，及时关上水阀。

2. 废水排放

实验室器皿的洗涤和实验残液的排放应与一般性洗涤用水的排放分开；一般性洗涤用水可直接排放，而实验室器皿的洗涤和实验残液须倒入废液桶内。

二、实验室用电安全

违规用电可能造成损坏仪器设备、火灾、人身伤亡等严重事故。化学实验室易燃易爆物品较多，要特别注意安全用电。

为了保障人身安全，一定要遵守以下安全规则：

1. 防止触电

（1）不用潮湿的手接触电器。

（2）实验时，应先搭好装置后才接通电源。实验结束时，先切断电源再拆装置。

（3）如有人触电，应迅速切断电源，然后进行抢救。

2. 防止引起火灾

（1）使用电炉加热时要有专人看护。

（2）如遇电线起火，应立即切断电源，用灭火毯、灭火器灭火；禁止用水或泡沫灭火器等导电液体灭火。

3. 防止短路

（1）线路中各接点应牢固，电路元件两端接头不要互相接触，以防短路。

（2）电线、电器不要被水淋湿或浸在导电液体中。

三、实验室仪器的使用及操作安全

（1）实验人员要熟悉了解仪器性能。

（2）自觉维护实验室设备：必须按说明书规定的操作规程使用仪器，无关人员不得随便拨动仪器的旋钮。精密仪器的拆卸、改装应经过一定的审批手续，未经审批不得任意拆卸。精密仪器的配件应妥加保管，不得挪作他用。

（3）对设备出现的小故障能自行解决，定期校正，保证在有效期内使用。仪器发生故障或损坏等事故应立即报告管理人员。

四、实验室药品、试剂的性质及使用安全

1. 防毒

（1）实验前，应了解所用药品的毒性及防护措施。

（2）操作有害气体应在通风橱内进行。

（3）苯、四氯化碳、甲醛、乙醚、硝基苯等的蒸气会引起中毒，应在通风良好的情况下使用。

（4）有些药品（如苯、有机溶剂、汞等）能透过皮肤进入人体，应避免与皮肤接触。

（5）禁止在实验室内喝水、吃东西。饮食用具不要带进实验室，以防毒物污染。离开实验室前要洗净双手。

2. 防火

许多有机溶剂如乙醚、丙酮、乙醇、苯等非常易燃，大量使用时室内不能有明火、电火花或静电放电，用后还要及时回收处理，不可倒入下水道，以免聚集引起火灾。

实验室如果着火不要惊慌，应根据情况进行灭火，常用的灭火材料和工具有：水、沙、二氧化碳灭火器、四氯化碳灭火器、泡沫灭火器和干粉灭火器等。可根据起火的原因选择使用，以下几种情况不能用水灭火。

（1）钠、钾、镁、铝粉、电石、过氧化钠着火，应用干沙灭火。

（2）比水轻的易燃液体，如汽油、苯、丙酮等着火，可用泡沫灭火器。

（3）有灼烧的金属或熔融物的地方着火时，应用干沙或干粉灭火器。

（4）电器设备或带电系统着火，可用二氧化碳灭火器或四氯化碳灭火器。

3. 防灼伤

强酸、强碱、强氧化剂、溴、磷、钠、钾、苯酚、无水乙酸等都会腐蚀皮肤，特别要防止溅入眼内。液氧、液氮等低温物质也会严重灼伤皮肤，使用时要小心。万一灼伤应及时治疗。

▶ 生物化学实验室常用仪器设备的使用和注意事项

一、微量移液器

微量移液器是连续可调的、计量和转移液体的专用仪器，其装有直接读数容量计。微量移液器有多种规格，在移液器量程范围内能连续调节读数。常见量程有：$0.5 \sim 10$ μL、$10 \sim 100$ μL、$20 \sim 200$ μL、$100 \sim 1000$ μL。

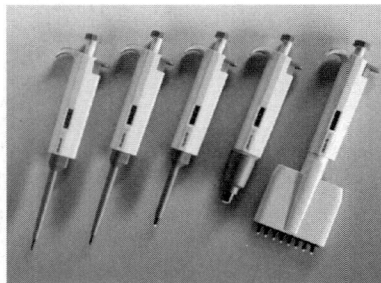

微量移液器

1. 使用方法

（1）保持微量移液器垂直，将按钮压至第一停点。

（2）吸头尖端浸入溶液，缓慢释放按钮。

（3）保持微量移液器垂直，将吸头与容器壁接触，慢慢压下按钮至第一停点。

（4）压至第二停点把溶液完全释放出。

（5）释放按钮回原状。

2. 注意事项

（1）未装吸头的微量移液器绝对不可用来吸取任何液体。

（2）一定要在允许量程范围内设定容量，千万不要将读数的调节超出其适用的刻度范围，否则会造成损坏。

（3）不要横放或倒拿带有残余液体吸头的微量移液器。

（4）不要用大量程的微量移液器移取小体积样品。

（5）微量移液器使用完后，将刻度调到最大刻度，放于移液器架上。

二、台式离心机

1. 离心机的分类

低速离心机：每分钟小于 1 万转。

高速离心机：每分钟 1 万 ~ 3 万转。

超速离心机：每分钟 3 万转以上。

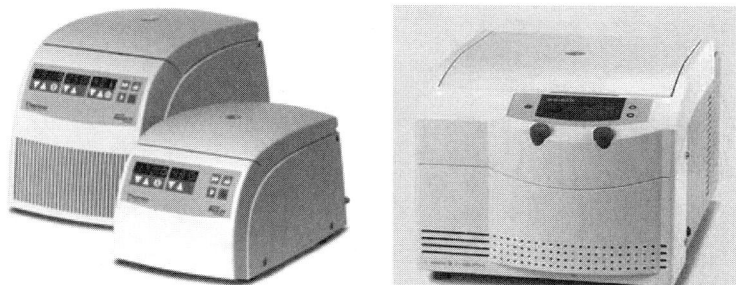

台式离心机

2. 离心机的功能

不同分类的离心机分离、纯化的适用对象通常为：低速离心机——细胞等大分子；高速离心机——DNA、蛋白质等；超速离心机——病毒、蛋白质、细胞器等。基因片段的分离、酶蛋白的沉淀和回收，以及其他生物样品的分离制备实验中都离不开低温离心技术。

生物化学实验室常用离心机：台式高速离心机，配有角式转头（24×1.5 mL），极限转速 13 000 r/min；台式低温高速离心机，极限转速 20 000 r/min。

3. 使用方法

（1）把离心机放置于平面桌或平面台上，检查离心机是否放置水平。

（2）将离心管对称放入转子内，且要事先平衡。

（3）锁紧门盖。

（4）插上电源插座，按下电源开关。

（5）设置转速、时间：常用最高转速为 13 000 r/min，时间最长为 20 min；注意对应的转子不可超速使用，否则会损坏离心管或转子。

（6）当转子停转后，打开门盖取出离心管，切断电源开关。

4. 注意事项

（1）离心机在运转时，不得移动离心机，不要打开门盖。

（2）安放离心机的台面应坚实平整，四只机脚都应与台面接触且均匀受力，以免产生振动。

（3）离心管加液要平衡，若加液差异过大，离心机运转时会产生明显振动，此时应停机检查，重新平衡，离心管必须对称放入。

（4）若运转时有离心管破裂，会引起较大振动应立即停机处理。

（5）离心机完全停止后，才可开盖，取样。

三、电泳仪

1. 使用方法

（1）电泳槽的两个电极与电泳仪的直流输出端连接（极性不要接反）。

（2）打开电源，设置参数（选择稳压稳流方式及电压电流范围）。

（3）按"启动"键启动程序（输出为高电压，注意安全）。

（4）电泳结束，按"停止"键终止程序。

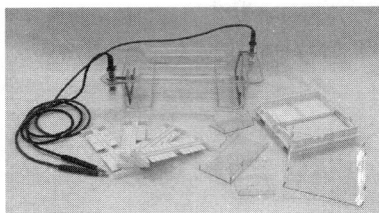

电泳仪与电泳槽

2. 注意事项

（1）电泳仪工作时，禁止接触电极、电泳物及其他可能带电部分，也不能到电泳槽内取放东西，以免触电；同时要求仪器有良好接地端，以防漏电。

（2）仪器通电后，不要临时增加或拔除输出导线插头，以防短路。

（3）由于不同介质支持物的电阻值不同，电泳所通过的电流量不同，其电泳速度及到达终点所需时间也不相同，故不同介质支持物的电泳不要同时在同一电泳仪上进行。

（4）使用过程中发现异常现象，如较大噪声、放电或异常气味，须立即切断电源进行检修，以免发生意外。

四、恒温气浴摇床

1. 使用方法

摇床（振荡器）广泛用于对温度和振荡频率有较高要求的细菌培养、发酵、杂交、生物化学反应以及酶学和组织学研究等。实验室常用于液体摇匀，及微生物、细菌和细胞培养。

（1）将样品瓶牢固放入弹簧夹中。

（2）接通电源开关，设定参数（温度、时间、转速等）。

（3）按"启动"键启动仪器，按"暂停"键可暂停托盘的旋转。

（4）按下控制面板的"电源"键两秒，显示屏显示消失，关闭电源总开关。

恒温气浴摇床

2. 注意事项

（1）使用结束后须清理机器，不能留有水滴、污物残留。

（2）摇床应放置在较牢固的工作台面或地上，环境应清洁整齐，通风良好。

（3）严禁在摇床工作时移动机器。

（4）严禁撞击摇床。

五、超净工作台

1. 仪器性能

超净工作台为分子生物学无菌操作提供可能，分为垂直送风和水平送风两种。超净工作台由三相电机作鼓风动力，空气通过由特制的微孔泡沫塑料片层叠合组成的"超级滤清器"后吹送出来，形成连续不断的无尘无菌的超净空气层流，即所谓"高效的特殊空气"，能够防止附近空气可能袭扰而引起的污染，同时也不会妨碍采用酒精灯对器械进行灼烧消毒。工作人员在这样的无菌条件下操作，可以保持无菌材料在转移接种过程中不受污染。

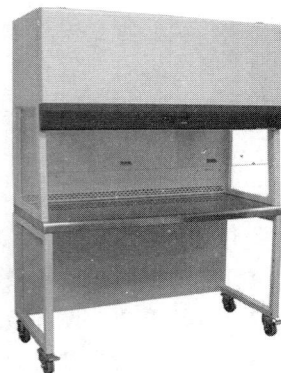

超净工作台

2. 使用方法

台面清洁消毒→紫外灯灭菌 30 min →进行无菌操作→清理工作台面→紫外灯灭菌 30 min →关闭紫外灯、电源。

3. 注意事项

（1）工作台面上不要存放不必要的物品，以保持工作区内的洁净气流不受干扰。

（2）操作时一定注意关掉紫外灯，防止对实验人员造成伤害。

六、灭菌锅

1. 仪器作用

细菌和细胞培养以及核酸等有关实验所用的试剂、器皿及实验用具，应严格灭菌。对于经过导入 DNA 重组分子的菌株，操作后必须进行严格的高压灭菌作灭活处理。

2. 使用方法

（1）开盖：转动手轮，使锅盖离开密封圈，添加蒸馏水至刚没至筒内隔上。

（2）通电：打开控制面板上电源开关，若水位低则红灯亮。

（3）堆放物品：须包扎的灭菌物品，体积不超过 200 mm × 100 mm × 100 mm 为宜（视灭菌锅型号而定），各包装之间留有间隙，利于蒸汽穿透，提高灭菌效果。

（4）密封高压锅：推横梁入立柱内，两两相对旋转手轮，压紧锅盖。

灭菌锅

（5）灭菌：常为 121℃，20 min；如为液体，液体必须装在可耐高温的玻璃器皿中，体积不宜超过 2/3。

（6）灭菌结束，所有物品放入干燥箱干燥，排尽水汽。

3. 注意事项

（1）如是手动的灭菌锅，灭菌过程中，应注意先排净锅内冷空气，否则会影响灭菌效果。

（2）灭菌结束后，要等温度降为"0"，才可打开灭菌锅锅盖。

（3）高压蒸汽灭菌时，须保持高温高压，因此必须严格按照操作规程操作，否则易发生意外事故。

七、分光光度计

1. 使用方法

（1）设置测量所需的波长。

（2）将对照品及样品同时放入比色池中，比色皿装液量要超过 3/4，过少的装液量会导致光不能通过比色皿内部的液体。装入液体后，如比色皿外壁有残留液体，须用擦镜纸擦去，防止影响光通过内部液体。

（3）比色池推到对照品对准光源，调 100% 透过率。

（4）比色池拉到黑体对准光源，调 0% 透过率。

（5）比色池拉到样品对准光源，按功能键按钮，调节到吸光度模式，此时显示的数据即为样品在此波长下的吸光度。

（6）继续往外拉拉杆，使第二个样品对准光源，读取第二个样品吸光度。每次样品测量完毕后，更换下组样品时，均要重新进行透过率校正。

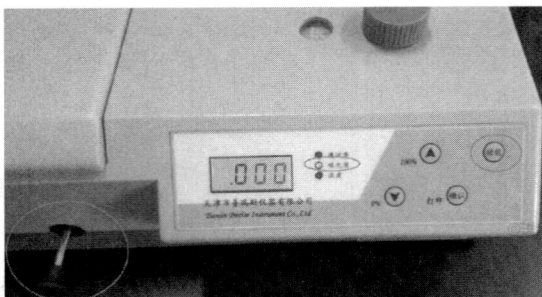

分光光度计

2. 注意事项

（1）测量完所有样品后，比色皿要用清水洗净，然后用乙醇或丙酮洗净，晾干后放入盒内。

（2）推拉拉杆时动作要轻，切勿用力猛拉，造成比色皿内样品溅出腐蚀仪器。如溅出应及时处理干净。

（3）推拉拉杆是否到位，以听到"咔"声为标准。

（4）手拿比色皿粗糙面，勿拿光滑面。

▶ 生物化学实验常用软件工具概述

一、标准曲线绘制软件：Microsoft Excel

假设有同学通过实验获得两组数据，标准溶液浓度和对应吸光度，如何利用这两组数据绘制标准曲线？

（1）首先新建一个 EXCEL 文件，打开后在 A1 和 B1 分别输入系列名称，A2 ~ A7，B2 ~ B7 输入标准牛血清白蛋白的浓度及对应的 A_{595} 值。

	A	B
1	标准蛋白浓度(mg/ml)	A_{595}
2	0	0
3	0.05	0.108
4	0.1	0.211
5	0.15	0.349
6	0.2	0.407
7	0.25	0.391

（2）鼠标左键拖动，选定 A1 ~ B7 所有单元格。

	A	B
1	标准蛋白浓度(mg/ml)	A_{595}
2	0	0
3	0.05	0.108
4	0.1	0.211
5	0.15	0.349
6	0.2	0.407
7	0.25	0.391

（3）点击菜单中的插入→图表，在标准类型中选择 XY 散点图→确定。

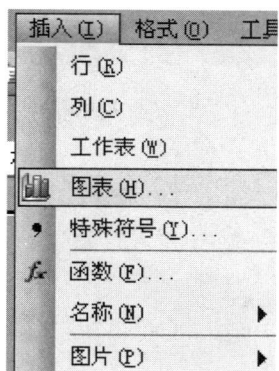

（4）现在得到了标准蛋白浓度和对应吸光度值构成的散点图。

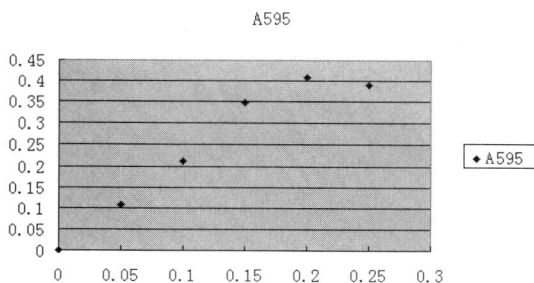

（5）右键点击散点图中任意一个点，选择添加趋势线。

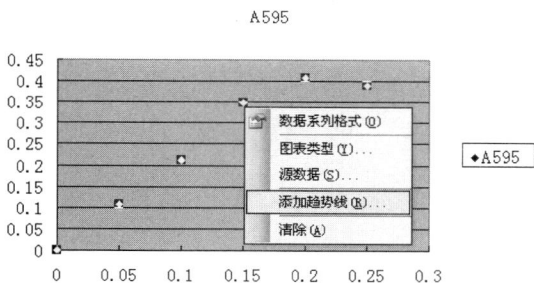

（6）在选项子菜单中点击显示公式→确定。

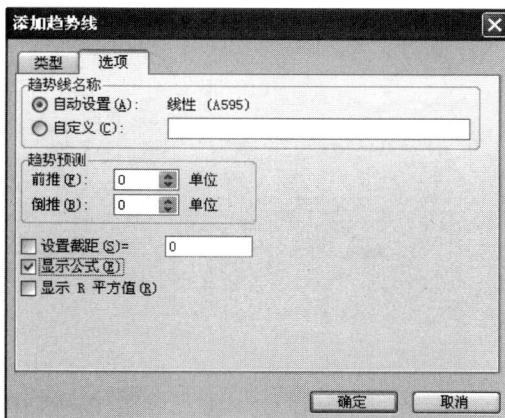

（7）现在得到了一条标准曲线的"半成品"。但这并不符合实验实际情况，因为实验人为定义了空白对照管中的标准蛋白浓度及其对应吸光度都为 0，因此标准曲线应该通过原点。

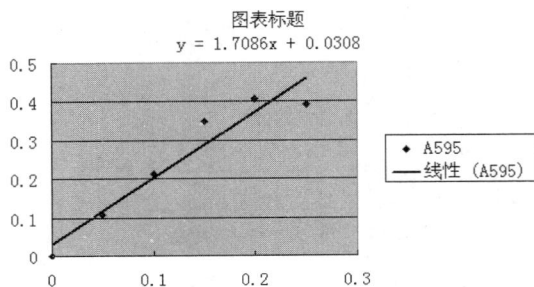

图表标题
y = 1.7086x + 0.0308

（8）接下来对曲线进行修正：右键单击标准曲线，选择趋势线格式。

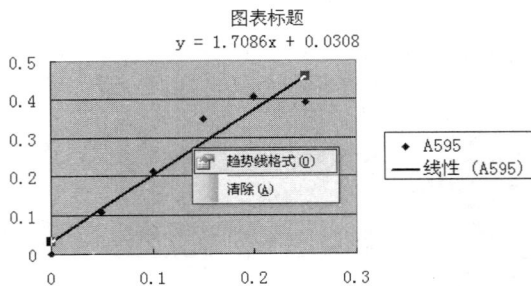

图表标题
y = 1.7086x + 0.0308

（9）在选项子菜单中选择设置截距为 0。

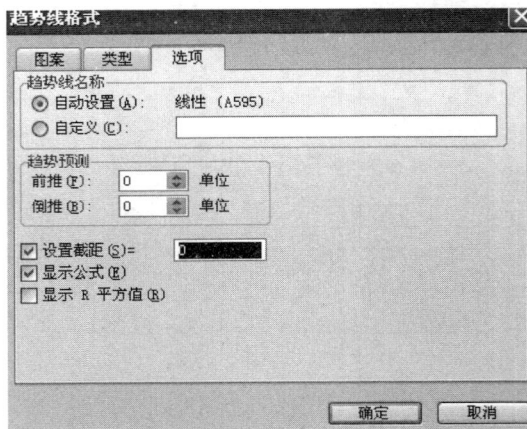

（10）修正完毕，得到标准曲线图。

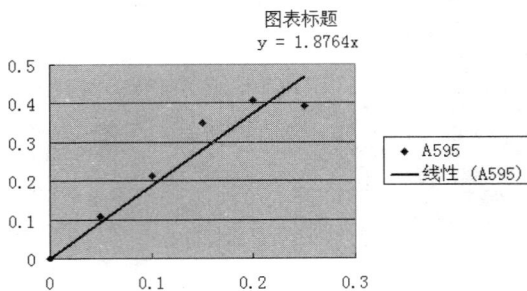

图表标题
y = 1.8764x

（11）最后可对图表进行美化。右键单击图标中的灰色区域，选择图标选项菜单，执行如下操作：① 修改标题；② 去掉图例；③ 添加 X 轴和 Y 轴名称。

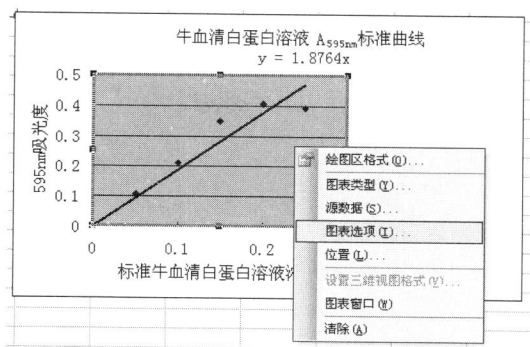

（12）有了标准曲线及其回归方程，代入样品溶液的 A_{595} 值，就可以计算出样品溶液的蛋白质浓度了。

二、作图软件：Image J

Image J 是一款基于 Java 的图像处理软件，它是由美国国立卫生研究院（National Institutes of Health，NIH）开发的一款功能强大的免费软件，在生物及医学图像分析中应用广泛。

该软件可以计算选定区域内分析对象的一系列几何特征，分析指标包括：长度、角度、周长、面积、长轴、短轴、圆度等。本部分介绍两种应用：计数和免疫组化定量分析。

1. 计数

本部分介绍两种方法：手动计数、自动计数。

（1）手动计数

① 打开图片，File-Open 找到图片。

② 点击工具栏第 7 个按钮"多点计数工具"，在每个克隆上进行点击，每点一下，图上就会多一个软件加上的点。

③ 所有的点都选上之后，点击 Analyze-Measure，软件会生成一个结果图，拉到最下面，就可以看到一共有多少点。

（2）自动计数

① 打开图片，点击 File-Open 找到图片。

② 彩图转换为 8bit 灰度图，点击 Image-Type-8bit。

③ 设定本张图中最大克隆和最小克隆，设置最大克隆：点击工具栏第 3 个按钮，然后圈出本图中最大的克隆，再点击 Analyze-Measure，观察该克隆的面积，例如 Area = 276；设置最小克隆：点击工具栏第 3 个按钮，然后圈出本图中最小的克隆，再点击 Analyze-Measure，观察该克隆的面积，例如 Area = 54。

④ 设定阈值，点击 Image-Adjust-Threshold。系统会自动设定一个阈值，并将阈值之上的面积全部用红色标记，如果不合适，可手动调节，因为阴影的存在，软件把这些阴影也识别为阳性结果，需要通过对克隆大小的限定，从而将阴影排除在阳性结果之外。

⑤ 通过对克隆大小的限定，从而将阴影排除。点击 Analyze-Analyze particles，在 Size（pixel^2）处填入克隆的大小范围，结合第 3 步的结果，设置：30--300，点击"OK"，这样阴影就被排除了。

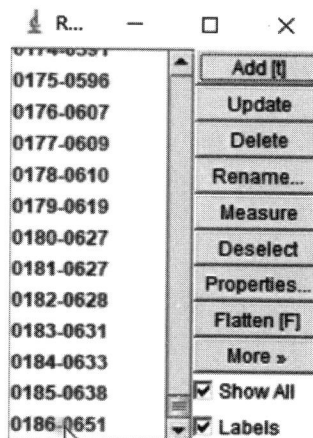

⑥ 拉到最低，便可以看到克隆的数量。

2. 免疫组化定量分析

本部分介绍 3 种方法：手动定量、自动定量 1、自动定量 2。

（1）手动定量

① 打开图片，点击 File–Open 找到图片。

② 选择完所有阳性结果后，再一同进行计算，点击 Analyze–Tools–ROI manager（感兴趣区域），然后标签栏选择第 3 个标签（以任意形状选取感兴趣区域）。

（2）自动定量 1

① 打开图片，点击 File–Open 找到图片。

② 彩图转换为 8bit 灰度图，点击 Image–Type–8bit。

③ 设定阈值，点击 Image–Adjust–Threshold，系统会自动设定一个阈值，并将阈值之上的面积进行统计，此时打开免疫组化原始图片，手动调节阈值大小，当设定的阈值能够比较好地反映免疫组化的生物学意义时，就使用此时的阈值统计。

④ 统计，点击 Analyze–Measure，得到 4 个参数：Area（阳性区域总面积），Mean（平均吸光度），Min（最小吸光度），Max（最大吸光度），供后续作图用。

（3）自动定量 2

① 打开图片，点击 File–Open 找到图片。

② 彩图转换为 RGB，点击 Image–Type–RGB stack。在得到的图片中，通过拖动下方的进度条，选取对比度最显著的那张。

③ 设定阈值，点击 Image–Adjust–Threshold。系统会自动设定一个阈值，并将阈值之上的面积进行统计。此时打开免疫组化原始图片，手动调节阈值大小，当设定的阈值能够比较好地反映免疫组化的生物学意义时，就使用此时的阈值统计。

④ 统计，点击 Analyze–Measure。得到 4 个参数：Area（阳性区域总面积），Mean（平均吸光度），Min（最小吸光度），Max（最大吸光度），供后续作图用。

第一部分

氨基酸和蛋白质
Amino Acid and Protein

实验 1　氨基酸和蛋白质的化学性质

The Chemical Property of Amino Acid and Protein

▶ 1-1　氨基酸和蛋白质的呈色反应

The Color Reaction of Amino Acid and Protein

蛋白质的呈色反应（color reaction of protein）是指蛋白质的某些化学键或氨基酸残基的化学基团与特定的试剂发生反应，形成特定的呈色物质。不同蛋白质的氨基酸残基并不完全相同，因此产物的颜色并不完全一样。呈色反应不是蛋白质的特异性反应，一些非蛋白质物质（如含有 —CS—NH$_2$—CH$_2$，—CRH—NH$_2$，—CHOH—CH$_2$NH$_2$ 等基团的有机物）也可以发生类似的呈色反应。因此，不能仅仅从一种呈色反应的结果来鉴别蛋白质。

一、目的要求

1. 掌握构成蛋白质的基本结构单位及主要连接方式。
2. 掌握蛋白质和某些氨基酸的呈色反应原理。

二、实验结果

观察实验结果并解释实验现象。

I　双缩脲反应

一、实验原理

当尿素加热到 180℃ 左右时，两分子的尿素缩合放出一分子氨后形成一分子双缩脲。双缩脲在碱性溶液中与 Cu^{2+} 结合生成紫红色化合物，此反应称为双缩脲反应，如图 1-1 所示。

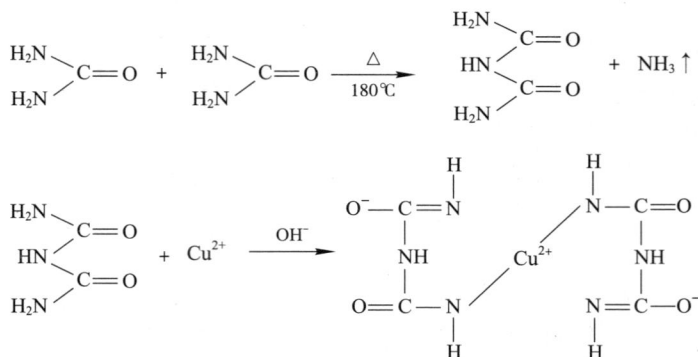

图 1-1　双缩脲反应

多肽和蛋白质中含有许多肽键，其结构与双缩脲相似，也能发生此反应（如图 1-2 所示，需注

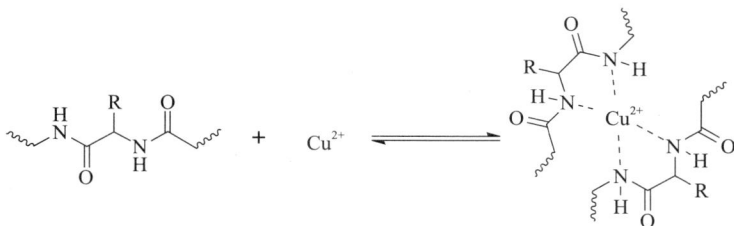

图 1-2　多肽在碱性溶液中与 Cu^{2+} 的反应

意二肽和氨基酸都不能发生双缩脲反应），可用于蛋白质的定性或定量测定。

二、实验用品

【材料】

蛋白质溶液：将新鲜鸡蛋清用蒸馏水稀释 10 倍，用 2～3 层纱布过滤。

【试剂】

1 g/L 甘氨酸溶液，0.1 g/L 精氨酸溶液，100 g/L NaOH 溶液，10 g/L $CuSO_4$ 溶液，尿素。

【器材】

试管，移液器，纱布，玻璃棒，烧杯，电炉，恒温水浴锅。

三、实验方法

1. 制备双缩脲：取少许尿素结晶，放入一干燥试管，用微火加热使尿素熔化，待熔融的尿素开始硬化时，停止加热让试管缓慢冷却形成双缩脲。然后加 100 g/L NaOH 溶液 1 mL，振荡混匀，再加 10 g/L $CuSO_4$ 溶液 1～2 滴，再振荡，观察出现的粉红色物质。

2. 取 4 支试管，分别按下表所示添加试剂并混匀，观察发生的现象并做出解释。

试剂	试管编号			
	1	2	3	4
蒸馏水 /mL	1.0	—	—	—
蛋白质溶液 /mL	—	1.0	—	—
0.1 g/L 精氨酸溶液 /mL	—	—	1.0	—
1 g/L 甘氨酸溶液 /mL	—	—	—	1.0
100 g/L NaOH 溶液 /mL	2.0	2.0	2.0	2.0
10 g/L $CuSO_4$ 溶液 / 滴	2	2	2	2

四、注意事项

1. 制备双缩脲时，应先加 NaOH 溶液，再加 $CuSO_4$ 溶液，以充分制造碱性环境。

2. 应避免添加过量 $CuSO_4$，否则生成的蓝色氢氧化铜会掩盖生成的粉红色物质。

五、实验后思考

常见的蛋白质呈色反应有哪些?

六、本实验术语

中文名	英文名
尿素	urea
双缩脲	biuret
加热	heating
定性	qualitative
定量	quantitative
甘氨酸	glycine
精氨酸	arginine

II 茚三酮反应

一、实验原理

酸性条件下，蛋白质或氨基酸和还原型茚三酮加热可以形成蓝紫色化合物（如图1-3所示）。这是所有蛋白质和 α- 氨基酸的共同特征。其他含有氨基的化合物也有茚三酮反应，脯氨酸或羟脯氨酸会形成黄色化合物。

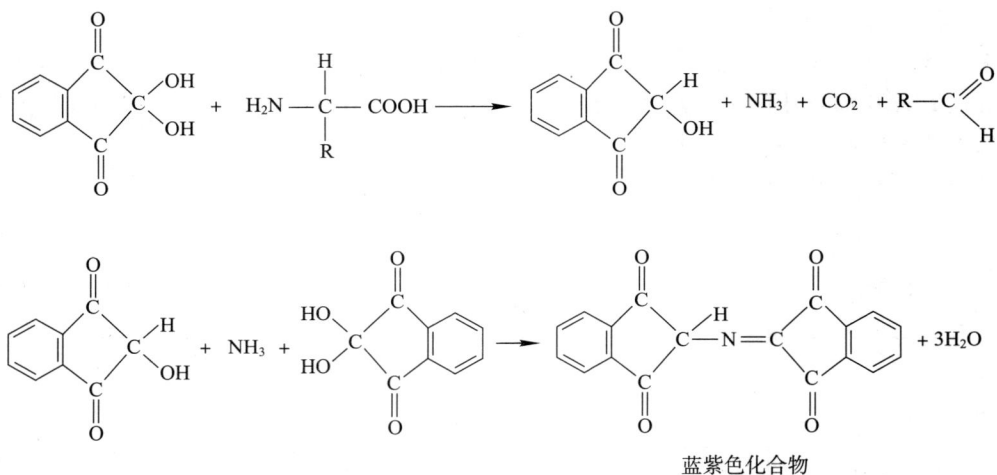

图 1-3 茚三酮反应

二、实验用品

【材料】

蛋白质溶液：将新鲜鸡蛋清用蒸馏水稀释 10 倍，用 2 ~ 3 层纱布过滤。

【试剂】

5 g/L 甘氨酸溶液，1 g/L 茚三酮水溶液，1 g/L 茚三酮 – 乙醇溶液。

【器材】

试管，试管架，移液器，玻璃棒，恒温水浴锅，滤纸，酒精灯。

三、实验方法

1. 取两支试管，分别加入蛋白质溶液和 5 g/L 甘氨酸溶液各 1 mL，然后各加 0.5 mL 1 g/L 茚三酮水溶液，混匀，在沸水浴中加热 1 ~ 2 min，观察颜色变化。

2. 用移液器在一小块滤纸上加一滴 5 g/L 甘氨酸溶液，风干后，再在原处加一滴 1 g/L 茚三酮 – 乙醇溶液，在酒精灯微火旁烘干显色，观察斑点颜色的变化。

四、注意事项
1. 要严防其他对茚三酮也呈类似阳性反应的氨和许多一级胺化合物等干扰物存在。
2. 要在适宜的 pH 条件下进行测定，该反应的适宜的 pH 为 5～7。

五、实验后思考
本实验中，蛋白质和氨基酸（甘氨酸）的反应现象有何不同？试分析可能的原因。

六、本实验术语

中文名	英文名
茚三酮	ninhydrin
脯氨酸	proline
羟脯氨酸	hydroxyproline
氨基	amino group
甘氨酸	glycine
沸水浴	boiling water bath
滤纸	filter paper

III 黄色反应

一、实验原理
黄色反应是指蛋白质分子中芳香族氨基酸（如酪氨酸和色氨酸）残基中的苯环与硝酸反应生成黄色硝基化合物，在碱性条件下可转化为橙黄色的硝醌酸钠。反应如图 1-4 所示。
绝大多数蛋白质都含有芳香族氨基酸，因此会发生黄色反应。

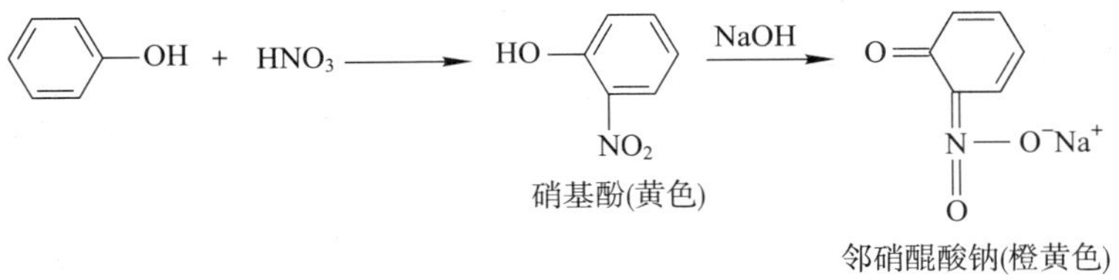

图 1-4 蛋白质黄色反应

二、实验用品
【材料】
蛋白质溶液：将新鲜鸡蛋清用蒸馏水稀释 10 倍，2～3 层纱布过滤。
【试剂】
浓硝酸，200 g/L NaOH 溶液，10 g/L 苯酚溶液。

【器材】

试管，试管架，移液器，玻璃棒，恒温水浴锅，酒精灯。

三、实验方法

1. 取一支干净干燥试管，加入 1 mL 10 g/L 苯酚溶液和 5 滴浓硝酸，酒精灯小火加热，观察现象。

2. 取一支干净干燥试管，加入 1 mL 蛋白质溶液和 5 滴浓硝酸，沸水浴中加热 5 min。然后两支试管中均加入 1 mL 200 g/L NaOH 溶液，混匀。观察颜色变化，记录结果并进行解释。

四、注意事项

芳香族氨基酸中的苯丙氨酸不容易硝化，需要添加少量浓硫酸才会发生黄色反应。

五、实验后思考

蛋白质常见的呈色反应有哪些？

六、本实验术语

中文名	英文名
黄色反应	yellow reaction
酪氨酸	tyrosine
色氨酸	tryptophan
芳香环	aromatic ring
苯环	benzene ring
硝醌酸钠	sodium nitroquinonate
苯丙氨酸	phenylalanine
硝化	nitrification
沸水浴	boiling water bath

▶ 1-2　蛋白质的沉淀反应

Precipitation Reaction of Protein

蛋白质是亲水胶体。蛋白质在稳定因素受损或与某些试剂结合成为不溶性盐时，可从溶液中分离出来，称为蛋白质沉淀反应（precipitation reaction of protein）。

一、目的要求

1. 验证所学的蛋白质和氨基酸的性质。
2. 掌握蛋白质和氨基酸定性分析的原理和方法。

二、实验结果

观察实验结果并解释实验现象。

I　蛋白质盐析反应

一、实验原理

大多数蛋白质的溶解度在高盐浓度下降低。在蛋白质溶液中逐渐加入中性盐，当盐的浓度增加到一个点时，蛋白质从溶液中沉淀出来的现象称为盐析。盐析与两个因素有关。

（1）高盐溶液破坏蛋白质分子表面的水化层。

（2）蛋白质分子表面的电荷被中和了。

用盐析法沉淀的蛋白质，可通过透析或用水稀释就可以再溶解，所以盐析是一个可逆过程。盐析法沉淀蛋白质的中性盐浓度与蛋白质种类和 pH 有关，大分子（如球蛋白）比小分子（如白蛋白）更容易分离出来。半饱和硫酸铵溶液可析出球蛋白，而白蛋白则可用饱和硫酸铵溶液析出。

二、实验用品

【材料】

蛋白质溶液：新鲜鸡蛋清与 10 倍体积的 9 g/L NaCl 溶液混合。

【试剂】

固体（NH_4）$_2SO_4$，饱和（NH_4）$_2SO_4$ 溶液，半饱和（NH_4）$_2SO_4$ 溶液，9 g/L NaCl 溶液，蒸馏水。

【器材】

恒温水浴锅，滤纸，漏斗，移液器，玻璃棒，试管及试管架。

三、实验方法

1. 吸取 2 mL 蛋白质溶液，置于干净干燥试管中，加入等体积饱和（NH_4）$_2SO_4$ 溶液，搅拌均匀，可见蛋白质立即沉淀出来。静置几分钟，用滤纸过滤，沉淀即为卵球蛋白。如果滤液不是透明的，需反复过滤，直到透明为止。

2. 用 2 mL 半饱和（NH_4）$_2SO_4$ 溶液将沉淀的卵球蛋白洗涤一次，在 1 mL 蒸馏水中加入少量沉淀（约火柴头大小），观察是否溶解，并用双缩脲反应鉴定。

3. 将滤液放入试管中，加入固体（NH_4）$_2SO_4$ 直至其饱和，观察是否还有沉淀。如有沉淀，需再过滤。将滤液加热，观察沉淀是否析出，记录结果并解释现象。沉淀可用双缩脲反应鉴定。

四、注意事项

1.（NH_4）$_2SO_4$ 容易潮解，因而在使用前，一般先磨碎，平铺放入烤箱内 60℃烘干后再称量，这样更准确。

2. 在加入盐溶液时应该缓慢均匀，搅拌也要缓慢。

五、实验后思考

蛋白质沉淀反应中，哪些是可逆沉淀反应？哪些是不可逆沉淀反应？

六、本实验术语

中文名	英文名
溶解度	solubility
中性盐	neutral salt

续表

中文名	英文名
沉淀	precipitation
盐析	salting out
电荷	charge
中和	neutralization
变性	denaturation
可逆过程	reversible process
饱和	saturation
硫酸铵溶液	ammonium sulfate solution
过滤	filtration
加热	heat
双缩脲反应	biuret reaction

II 重金属盐沉淀蛋白质

一、实验原理

当溶液 pH 高于蛋白质等电点时，重金属盐（如 Pb^{2+}、Cu^{2+}、Hg^{2+}、Ag^+ 等的盐）容易与蛋白质结合形成不溶性盐并沉淀。

重金属盐沉淀蛋白质比较完全，因此常用重金属盐来去除溶液中的蛋白质杂质。但在使用一些重金属盐〔如 $CuSO_4$ 或 $Pb(Ac)_2$〕沉淀蛋白质时，一定要注意不要过量，否则会导致沉淀溶解。

二、实验用品

【材料】

蛋白质溶液：将新鲜鸡蛋清用蒸馏水稀释 10 倍，用 2~3 层纱布过滤。

【试剂】

50 g/L $CuSO_4$ 溶液，30 g/L $AgNO_3$ 溶液。

【器材】

试管，试管架，移液器，玻璃棒，烧杯。

三、实验方法

1. 取两支试管，各加入 1 mL 蛋白质溶液。

2. 用移液器分别在两个试管中加入 2~3 滴 50 g/L $CuSO_4$ 溶液和 30 g/L $AgNO_3$ 溶液，观察现象。

3. 保留试管中少量沉淀，加入 2 mL 50 g/L $CuSO_4$ 溶液，观察沉淀是否溶解，并记录结果。

四、注意事项

$AgNO_3$ 是强氧化剂，对呼吸道和皮肤均有刺激作用，操作时务必小心谨慎。

五、实验后思考

1. 为什么鸡蛋清可作为重金属中毒的解毒剂？

2. 蛋白质分子中，哪些基团可以与重金属离子作用而使蛋白质沉淀？

六、本实验术语

中文名	英文名
等电点	isoelectric point
重金属盐	heavy metal salt
沉淀	precipitation

III　有机酸沉淀蛋白质

一、实验原理
当溶液 pH 低于等电点时，蛋白质颗粒带正电荷，容易与某些有机酸（如三氯乙酸和磺基水杨酸等）的酸根负离子发生反应生成不溶性盐而沉淀，即有机酸沉淀蛋白质。三氯乙酸是这些酸中最敏感、最特异的一种，被广泛应用。

二、实验用品
【材料】
蛋白质溶液：将新鲜鸡蛋清用蒸馏水稀释 10 倍，用 2～3 层纱布过滤。
【试剂】
100 g/L 三氯乙酸溶液。
【器材】
试管，试管架，玻璃棒，烧杯，移液器。

三、实验方法
将 1 mL 蛋白质溶液加入试管中，再加入 3 滴 100 g/L 三氯乙酸溶液，观察并记录现象。

四、注意事项
三氯乙酸有腐蚀性，操作时应佩戴合适的手套。

五、实验后思考
蛋白质分子中，哪些基团可以与有机酸作用而使蛋白质沉淀？

六、本实验术语

中文名	英文名
等电点	isoelectric point
有机酸	organic acid
三氯乙酸	trichloroacetic acid
磺基水杨酸	sulfosalicylic acid
过滤	filtration

IV 热沉淀蛋白质

一、实验原理

大多数蛋白质在受热时会变性，因为蛋白质的空间结构被破坏。蛋白质的热变性与加热时间、温度呈正相关，蛋白质在短时间内不会凝固。

加热时，溶液盐浓度和 pH 高低对蛋白质的凝固有很大的影响。蛋白质在等电点处凝固最彻底、最快；在强酸或强碱溶液中，因溶液中带有正电荷或负电荷，加热时蛋白质不凝固。但是当溶液中有足量的中性盐时，蛋白质会因为加热而凝固，出现热沉淀蛋白质现象。

二、实验用品

【材料】

蛋白质溶液：将新鲜鸡蛋清用蒸馏水稀释 10 倍，用 2～3 层纱布过滤。

【试剂】

10 g/L 乙酸溶液，100 g/L 乙酸溶液，100 g/L NaOH 溶液，饱和 NaCl 溶液，蒸馏水。

【器材】

移液器，玻璃棒，烧杯，恒温水浴锅，试管，试管架。

三、实验方法

1. 取 4 支试管，编号，按下表添加试剂。

试剂	试管编号			
	1	2	3	4
蛋白质溶液 /mL	1.0	1.0	1.0	1.0
10 g/L 乙酸溶液 /mL	1	—	—	—
100 g/L 乙酸溶液 /mL	—	10	—	—
100 g/L NaOH 溶液 /mL	—	—	10	—
蒸馏水 /mL	10	1	1	11

2. 加入试剂后摇匀，同时放入恒温水浴锅，沸水浴中加热 5 min，加入饱和 NaCl 溶液 1 mL，混合后再放入沸水浴 5 min，观察并记录现象，然后解释。

四、注意事项

打开恒温水浴锅盖子时要小心水蒸气，以免烫伤。

五、实验后思考

加热引起蛋白质沉淀的原理是什么？

六、本实验术语

中文名	英文名
变性	denaturation
热变性	thermal denaturation
热沉淀	thermal precipitation
正电荷	positive charge
负电荷	negative charge
凝固	solidification
过滤	filtration
沸水浴	boiling water bath

实验 2　蛋白质的含量测定

Determination of Protein Content

▶ 2-1　凯氏定氮法

Kjeldahl Method

一、目的要求
1. 掌握凯氏定氮法测定蛋白质含量的原理和方法。
2. 学会使用凯氏定氮仪。

二、实验原理

凯氏定氮法用于测定化合物的氮含量，如果已知蛋白质中的含氮量，可推算出样品中的蛋白质含量。用浓硫酸加热蛋白质时，碳、氢两种元素被氧化为 CO_2 和 H_2O，而氮被氧化为氨，氨与硫酸反应生成（NH_4）$_2SO_4$，这个过程称为消化。由于消化过程缓慢，通常会加入 K_2SO_4 或 Na_2SO_4 来提高混合物的沸点，$CuSO_4$ 作为加速消化的催化剂。

加在凯氏定氮仪中的浓碱可将消化液中的（NH_4）$_2SO_4$ 分解为氨。氨采用水蒸气蒸馏法蒸馏，用定量且过量的硼酸吸收。氨与硼酸中的 H^+ 结合，降低了 H^+ 的浓度，导致指示剂颜色变化。用标准盐酸滴定，直到恢复 H^+ 的初始浓度。根据标准盐酸的用量，可测定化合物中氮的含量。

蛋白质的含氮量通常为蛋白质总质量的 16%，即蛋白质的 1 g 氮等于 6.25 g 蛋白质，因此可将凯氏定氮法测定的含氮量的 6.25 倍视为样品的蛋白质含量。

三、实验用品
【材料】
样品溶液：蛋白质溶液（蛋白质含量未知）。
【试剂】
所有试剂均用不含氨的蒸馏水配制。
（1）浓硫酸，300 g/L NaOH 溶液，20 g/L 硼酸溶液，标准盐酸溶液（0.01 mol/L）。
（2）K_2SO_4-$CuSO_4$ 混合粉：将 K_2SO_4 与 $CuSO_4$ 按质量比 = 3∶1 的比例混合均匀。
（3）混合指示剂：混合 50 mL 0.1% 甲烯蓝乙醇溶液和 200 mL 0.1% 甲基红乙醇溶液，贮存于棕色瓶中备用。这种指示剂酸性时为紫红色，碱性时为绿色，变色范围很窄且很灵敏。
【器材】
凯氏定氮仪，凯氏定氮烧瓶，移液管，锥形瓶，试管，表面皿，玻璃珠（或沸石，防爆沸）。

四、实验方法
1. 安装凯氏定氮仪
凯氏定氮仪由蒸汽发生器、反应管及冷凝器三部分组成，如图 2-1 所示。
蒸汽发生器包括电炉（图 2-1 中 1）及一个凯氏定氮烧瓶（图 2-1 中 2），借助橡皮管（图 2-1

中 3）与反应管相连接。反应管上端有一个玻璃杯（图 2-1 中 4），样品和碱液由此加入反应室（图 2-1 中 5）。反应室中心有一个长玻璃管，其上端通过反应室外层（图 2-1 中 6）与蒸汽发生器相连接，下端靠近反应室的底部。反应室外层下端有一开口，上面有一个皮管夹（图 2-1 中 7），由此可以放出冷凝水及反应废液。反应产生的氨通过反应室上端细管及冷凝器（图 2-1 中 8）通到锥形瓶（图 2-1 中 9）中，反应管及冷凝器之间借磨口（图 2-1 中 10）连接，防止漏气。

2. 消化

（1）取 4 个 50 mL 的凯氏定氮烧瓶，编号，然后在每个烧瓶中加入 1 颗玻璃珠。在 1 号和 2 号凯氏定氮烧瓶中加入样品溶液 1 mL，催化剂 200 mg（K_2SO_4-$CuSO_4$ 混合粉）和浓硫酸 5 mL。注意在烧瓶底部添加样品，不要粘在烧瓶壁上和烧瓶颈上。将 1 mL 蒸馏水和相应的催化剂和浓硫酸加入 3 号和 4 号凯氏定氮烧瓶作为空白对照，在通风柜中消化。

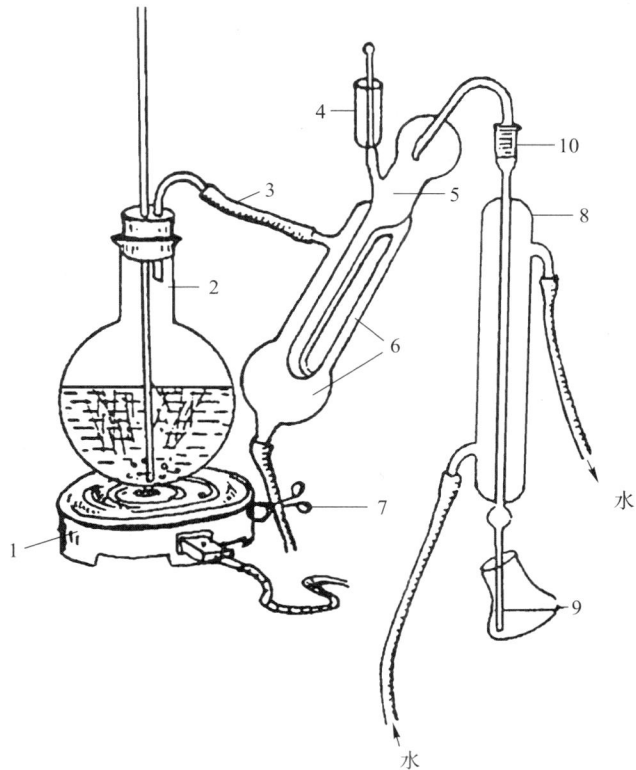

图 2-1 凯氏定氮仪

（2）在消化的开始，需要控制火力，以防止消化液冲到凯氏定氮烧瓶的颈部。待 H_2SO_4 分解释放出 SO_2 白烟后，适当加强火力继续消化，直至消化液呈淡青色。切断火源，将凯氏定氮烧瓶置于通风柜内冷却至室温。

3. 蒸馏

（1）清洗凯氏定氮仪：用水清洗凯氏定氮仪。在蒸汽发生器中加入经几滴硫酸和甲基红指示剂酸化的蒸馏水，用这种蒸汽清洗凯氏定氮仪约 15 min。将装有硼酸和指示剂的锥形瓶斜放在冷凝器下，继续洗涤 2 min。观察溶液在锥形瓶中的颜色变化，如果颜色没有变化，则说明凯氏定氮仪是干净的。移动圆锥形烧瓶，停止加热，松开夹子。

（2）蒸馏：取下棒状玻璃塞，用移液管吸收消化液，小心转移至反应管上端的玻璃杯底部。填满玻璃塞，将冷凝器底部浸入液体中。将 10 mL 300 g/L NaOH 溶液倒入玻璃杯中，提起棒状玻璃塞，碱性溶液慢慢流入反应室（为了防止样品倒流，液体必须缓慢地流入反应室）。在基本溶液完全流动之前，轻轻塞满棒状玻璃塞，加入 5 mL 蒸馏水到玻璃杯中。轻轻提起棒状玻璃塞，使一半的水流入反应室，另一半仍在玻璃杯中作为水封，避免泄漏。加热蒸汽发生器，在沸腾后夹紧皮管夹，开始蒸馏。氨水进入锥形瓶，溶液由紫色变为绿色，继续蒸馏 5 min。移动锥形瓶，使硼酸液面离开冷凝器底部约 1 cm，并用少量蒸馏水冲洗冷凝管口外面。继续蒸馏 1 min，移开锥形瓶，用表面皿盖住锥形瓶。蒸馏后，清洗反应室，其他样品溶液按前一操作进行蒸馏，样品溶液和空白对照蒸馏完毕后滴定。

4. 滴定

用 0.01 mol/L 标准盐酸溶液滴定蒸馏氨，直至硼酸指示剂溶液由绿色变为淡紫色。

五、实验结果

$$样品溶液中的总氮含量（\%）= \frac{c\,(V_1 - V_2) \times 14}{m \times 1\,000} \times \frac{V_3}{V_4} \times 100\%$$

$$样品溶液中的蛋白质含量（\%）= 样品溶液中的总氮含量（\%）\times 6.25$$

式中：c 为标准盐酸溶液浓度（mol/L）；V_1 为滴定样品溶液所消耗盐酸标准溶液的平均体积（mL）；V_2 为滴定空白对照所消耗盐酸标准溶液的平均体积（mL）；m 为样品质量（g）；V_3 为消化液总体积（mL）；V_4 为消化液所用体积（mL）；14 为氮的相对原子质量。

六、注意事项

1. 注意标记。

2. 样品加入凯氏定氮烧瓶时应避免挂壁，且应注意梯度升温。

3. 往凯氏定氮烧瓶内加样时注意加样顺序。

4. K_2SO_4 用于提高反应温度，但不可添加过多，否则温度过高会引起生成的铵盐分解产生氨，影响结果。

5. $CuSO_4$ 起催化剂作用并可指示消化终点。

6. 取凯氏定氮烧瓶时注意避免烫伤。

7. 规范滴定操作，且终点判定要一致。

七、实验后思考

1. 消化过程中内容物颜色发生什么变化？为什么？

2. 样品进行蒸馏前，为什么要加入 NaOH 溶液？这时溶液发生了什么变化？为什么？如果没有变化，说明什么问题？须采用什么措施？

八、本实验术语

中文名	英文名
凯氏定氮法	Kjeldahl method
消化	digest
沸点	boiling point
催化剂	catalyst
蒸馏	distillation
指示器	indicator
滴定	titration

▶ 2-2 双缩脲法

Biuret Method

一、目的要求

1. 掌握双缩脲法测定蛋白质含量的原理和方法。

2. 学习使用 721 型分光光度计，了解仪器的基本结构。

二、实验原理

蛋白质分子中的肽键，在碱性条件下能与 Cu^{2+} 络合而呈紫红色，其颜色深浅与蛋白质含量成正比，故可用该法来测定蛋白质含量。

三、实验用品

【材料】

同实验 2–1。

【试剂】

（1）标准酪蛋白溶液（5 mg/mL）：酪蛋白要预先用凯氏定氮法测定其蛋白质含量，根据其纯度称量，用 0.05 mol/L NaOH 溶液配制成标准溶液。

（2）双缩脲试剂：取 1.50 g $CuSO_4 \cdot 5H_2O$，6.0 g 酒石酸钾钠，溶于约 500 mL 蒸馏水，加入 300 mL 2.5 mol/L NaOH 溶液，蒸馏水补足体积为 1 000 mL。

【器材】

试管，吸管，721 型分光光度计，比色皿。

四、实验方法

1. 标准曲线的制定

（1）取 6 支试管编号，按下表加入试剂。

试剂	试管编号					
	1	2	3	4	5	6
标准酪蛋白溶液 /mL	0	0.4	0.8	1.2	1.6	2.0
蒸馏水 /mL	2.0	1.6	1.2	0.8	0.4	0
双缩脲试剂 /mL	4.0	4.0	4.0	4.0	4.0	4.0

（2）上述试剂加完后，混匀，室温放置 30 min。以 1 号管为对照管，测定各管在 540 nm 处的吸光度，记下各管吸光度，作吸光度 – 蛋白质含量曲线。

2. 样品测定

准确吸取 1 mL 样品溶液，用蒸馏水补至 2 mL，再加 4 mL 双缩脲试剂，混匀，室温放置 30 min，测定 540 nm 处的吸光度。

五、实验结果

根据样品溶液的吸光度，在标准曲线上查出样品溶液中蛋白质含量。

六、注意事项

1. 避免加入过量的硫酸铜，否则会生成蓝色氢氧化铜，掩盖产物的紫红色。

2. 需于显色后 30 min 内测定吸光度，30 min 后可有雾状沉淀产生。各管由显色到测定吸光度时间应尽可能一致。

3. 适用于本法测定的蛋白质含量范围为 1～10 mg/mL，最常用于需要快速但不需要十分精确的测定。

4. 蛋白质分子中可能有—CH_2—NH_2，—CH—$NHCH_2OH$ 等基团，也能发生此反应。

七、实验后思考

1. 如何确定样品溶液用量？
2. 用于配制标准蛋白质溶液的蛋白质应有何要求？

八、本实验术语

中文名	英文名
双缩脲法	biuret method
721 型分光光度计	721 spectrophotometer
肽键	peptide bond
酪蛋白	casein
血清	serum
标准曲线	standard curve
标准溶液	standard solution
硫酸铜	copper sulfate
酒石酸钾钠	potassium sodium tartrate

▶ 2–3 Folin– 酚试剂法（Lowry 法）

Folin-phenol Reagent Method (Lowry Method)

一、目的要求

掌握 Folin– 酚试剂法测定蛋白质含量的原理及操作方法。

二、实验原理

Folin– 酚试剂法的原理是因为蛋白质中含有酪氨酸、色氨酸残基，这两种氨基酸残基可以与 Folin– 酚试剂反应，反应过程分为两个步骤：第一步是蛋白质的肽键与 Cu^{2+} 在碱性溶液中结合形成蛋白质 –Cu^{2+} 化合物；第二步是蛋白质 –Cu^{2+} 化合物中的 Tyr 或 Trp 残基还原磷钼酸 – 磷钨酸试剂（Folin– 酚试剂 B），形成蓝色产物。这个反应在 30 min 后达到最高点，在一定范围内，吸光度与蛋白质含量呈直线关系。因此，可以用光谱法测定蛋白质含量，可根据不同的蛋白质含量选择不同的波长。如果多肽或蛋白质含量低（5 ~ 25 μg），选择 750 nm 波长；25 ~ 100 μg，则采用 500 nm 波长为宜。可根据标定曲线计算样品的蛋白质含量。

Folin– 酚试剂法操作简单，当样品中蛋白质含量大于 5 μg 时，灵敏度高，是蛋白质定量中应用最广泛的方法之一。

三、实验用品

【材料】

同实验 2–1。

【试剂】

（1）Folin– 酚试剂 A：1 g 碳酸钠溶于 50 mL 0.1 mmol/L 氢氧化钠溶液中，再将 0.5 g 五水合硫酸铜（$CuSO_4 \cdot 5H_2O$）溶于 100 mL 10 g/L 酒石酸钾（或酒石酸钠）溶液，然后将前者 50 mL 与后者 1 mL 混合，混合后 1 d 内使用有效。

（2）Folin-酚试剂 B：在 1.5 L 磨口回流瓶中加入 100 g 钨酸钠（Na$_2$WO$_4$·2H$_2$O），25 g 钼酸钠（Na$_2$MoO$_4$·2H$_2$O），700 mL 蒸馏水，50 mL 85% 磷酸和 100 mL 浓盐酸，充分混匀后，以小火回流 10 h。回流完毕，再加入 150 g 硫酸锂（Li$_2$SO$_4$）、50 mL 蒸馏水及数滴液体溴，然后开口继续沸腾 15 min 以去除过量的溴，冷却后定容到 1 000 mL，过滤，溶液呈黄绿色，置于棕色试剂瓶中冰箱保存。使用时用标准氢氧化钠溶液滴定，以酚酞为指示剂，而后用水适量稀释，使氢离子浓度最后为 1 mol/L，此为 Folin-酚试剂 B，储于冰箱中可长期保存。

（3）标准蛋白质溶液：用分析天平准确称量牛血清白蛋白（或人血清白蛋白）100 mg，溶解于最小体积的蒸馏水中，转移到 100 mL 烧瓶中，精确稀释至 100 mL，使蛋白质质量浓度为 1 mg/mL。

【器材】

试管，试管架，1.5 L 磨口回流瓶，100 mL 烧瓶，移液管，分析天平，721 型分光光度计。

四、实验方法

1. 标准曲线的制定

（1）取 7 支试管编号，按下表加入试剂，立即摇匀。

试剂	试管编号						
	0	1	2	3	4	5	6
标准蛋白质溶液 /mL	0	0.1	0.2	0.3	0.4	0.5	0.6
蒸馏水 /mL	1.0	0.9	0.8	0.7	0.6	0.5	0.4
Folin-酚试剂 A/mL	5.0	5.0	5.0	5.0	5.0	5.0	5.0
混匀，室温下放置 10 min							
Folin-酚试剂 B/mL	0.5	0.5	0.5	0.5	0.5	0.5	0.5

（2）加入 Folin-酚试剂 B 后，立即摇匀，30℃（或室温下）放置 30 min，测定 500 nm 处的吸光度，以 0 号试管为对照管。以吸光度为纵坐标，以标准蛋白质含量为横坐标，制定标准曲线。

2. 样品测定

吸取 1 mL 样品溶液加入试管中，加 Folin-酚试剂 A 5.0 mL，摇匀，静置 10 min，加入 1 mL Folin-酚试剂 B，立即摇匀，静置 30 min，然后测定 500 nm 处的吸光度。

五、实验结果

根据样品溶液的吸光度，在标准曲线上查出样品溶液中蛋白质含量。

六、注意事项

1. 进行测定时，加 Folin-酚试剂 B 要特别小心，因为 Folin-酚试剂 B 仅在酸性条件下稳定，但该还原反应是在 pH 10 的情况下发生的，故当 Folin-酚试剂 B 加到蛋白质-Cu^{2+} 碱性溶液中时必须立即摇匀，以保证在磷钨酸-磷钼酸试剂被破坏之前还原反应即能发生。

2. 呈色反应在 30 min 内即接近极限，在 0.5~1.5 h 内颜色略有增加，在 1.5~6 h 内颜色稳定不变。

七、实验后思考

1. 试说明 Folin-酚试剂法的优缺点。
2. Folin-酚试剂法测定蛋白质含量为什么比双缩脲法更灵敏？

八、本实验术语

中文名	英文名
Folin- 酚试剂法	Folin–phenol reagent method
酪氨酸	tyrosine
色氨酸	tryptophan
Folin- 酚试剂	Folin–phenol reagent
吸光度	absorbance
光谱法	spectroscopy

▶ 2-4 紫外吸收法

Ultraviolet Absorption Method

一、目的要求
1. 掌握紫外吸收法测定蛋白质含量的原理和方法。
2. 学习紫外分光光度计的操作和应用方法。

二、实验原理
由于蛋白质分子中有芳香族氨基酸残基（如酪氨酸、色氨酸和苯丙氨酸残基），所以在 280 nm 处有最大紫外吸收，吸光度与蛋白质含量在一定范围内呈线性关系。因此，可以用紫外吸收法测定蛋白质含量。

紫外吸收法测定蛋白质含量范围为 0.1 ~ 0.5 mg/mL，这种方法简单易行，能迅速测定蛋白质含量，且不消耗样品，不受低盐浓度的干扰。因此，该方法被广泛应用于测定蛋白质含量。

三、实验用品
【材料】
同实验 2–1。
【试剂】
标准蛋白质溶液：质量浓度为 1 mg/mL 酪蛋白溶液。
【器材】
试管，试管架，50 mL 烧瓶，移液器，紫外分光光度计，比色皿。

四、实验方法
1. 标准曲线的制定
（1）取 6 支试管编号，按下表加入试剂。

试剂	试管编号					
	1	2	3	4	5	6
标准蛋白质溶液 /mL	0	2.0	4.0	6.0	8.0	10.0
蒸馏水 /mL	10.0	8.0	6.0	4.0	2.0	0
标准蛋白质含量 / (mg · mL^{-1})	0	0.2	0.4	0.6	0.8	1.0

（2）加入试剂后混匀，用紫外分光光度计测定 280 nm 处吸光度，以 0 号试管为对照，制定蛋白质浓度 – 吸光度曲线，其中纵坐标为吸光度，横坐标为标准蛋白质含量。

2. 样品分析

取 4.0 mL 样品溶液，加入 4.0 mL 蒸馏水，测定 280 nm 处吸光度。

五、实验结果

根据样品溶液的吸光度，从标准曲线中查出样品溶液中的蛋白质含量。

六、注意事项

1. 绘制标准曲线时，标准蛋白质溶液含量要准确。

2. 测定吸光度时，比色皿要保持洁净，切勿用手玷污其光面。

七、实验后思考

1. 紫外吸收法测定蛋白质含量的原理是什么？

2. 紫外吸收法测定蛋白质含量的优缺点有哪些？

八、本实验术语

中文名	英文名
芳香环	aromatic ring
紫外吸收法	ultraviolet absorption method
紫外分光光度计	ultraviolet spectrophotometer

▶ 2–5　BCA 法

Bicinchoninic Acid (BCA) Method

一、目的要求

掌握 BCA 法测定蛋白质含量的原理及操作方法。

二、实验原理

BCA 法是 Folin- 酚试剂法的改进，与 Folin- 酚试剂法相比，BCA 法操作上更简化，对干扰物质的容忍度更大，工作试剂更稳定，灵敏度更高，灵活性更大。

氨基酸的肽键在碱性溶液中可与 Cu^{2+} 结合形成络合物，Cu^{2+} 被还原为 Cu^+。双喹啉酸及其钠盐是水溶性的，在碱性环境下能与 Cu^+ 结合形成深紫色化合物，在 562 nm 波长处有强吸收。因为该化合物颜色深浅与蛋白质浓度呈正相关，故可以用该法来测定蛋白质浓度。

三、实验用品

【材料】

同实验 2–1。

【试剂】

1. BCA 试剂

（1）试剂 A（1 L）：分别称量 10 g BCA、20 g $Na_2CO_3 \cdot H_2O$、1.6 g $Na_2C_4H_4O_6 \cdot 2H_2O$、4 g 氢氧化

钠、9.5 g 碳酸氢钠。加水 1 L，用 NaOH 或固体 NaHCO₃ 调 pH 至 11.25。

（2）试剂 B（50 mL）：取 2 g CuSO₄·5H₂O，加入蒸馏水至 50 mL。

（3）BCA 试剂：取试剂 A 50 份，试剂 B 1 份，混匀。该试剂可以稳定使用一周。

2. 标准蛋白质溶液

称取牛血清白蛋白 40 mg，溶于蒸馏水并定容至 1 000 mL，故标准蛋白质溶液质量浓度为 40 μg/mL。

【器材】

722 型分光光度计，比色皿，恒温水浴锅，移液器，试管，试管架。

四、实验方法

1. 标准曲线的制定

（1）取 6 支试管编号，按下表加入试剂。

试剂	试管编号					
	1	2	3	4	5	6
标准蛋白质溶液 /μL	0	50	100	150	200	250
蒸馏水 /μL	250	200	150	100	50	0
BCA 试剂 /mL	5	5	5	5	5	5
标准蛋白质含量 /μg	0	2	4	6	8	10

（2）将上述各管混匀后，37 ℃ 恒温水浴 30 min，待降至室温。以 1 号试管为对照，测定 562 nm 处的吸光度，以标准蛋白质含量为横坐标，吸光度为纵坐标，制作标准蛋白质含量 – 吸光度标准曲线。

2. 样品测定

将 250 μL 样品溶液加入干净干燥的试管中，加入 5 mL BCA 试剂摇匀，37 ℃ 恒温水浴 30 min。以 1 号试管作为对照，测定 562 nm 处的吸光度，记录吸光度。

五、实验结果

根据样品溶液的吸光度，从标准曲线中查出样品溶液中的蛋白质含量。

六、注意事项

1. 准确量取试剂，正确使用移液器。

2. 正确操作 722 型分光光度计，由于本实验中液体体积较少，比色皿不需要用待测溶液润洗。

七、实验后思考

1. 试比较 BCA 法与双缩脲法、Folin– 酚试剂法的异同。

2. 为什么 BCA 法较为常用？有哪些优势？

八、本实验术语

中文名	英文名
BCA 法	bicinchoninic acid（BCA）method
双喹啉酸	diquinolinic acid

中文名	英文名
分光光度计	spectrophotometer
比色测定	colorimetric determination

▶ 2-6 考马斯亮蓝显色法
Coomassie Brilliant Blue Chromogenic Method

一、目的要求
1. 学习和掌握考马斯亮蓝显色法测定蛋白质浓度的原理和操作方法。
2. 进一步熟悉和掌握 721 型分光光度计使用方法。

二、实验原理
考马斯亮蓝显色法是由 Bradford 在 1976 年建立起来的一种测定蛋白质浓度的方法，因此又称为 Bradford 方法。该方法是利用蛋白质可与考马斯亮蓝 G-250 结合的原理，定量测定蛋白质浓度。当考马斯亮蓝 G-250 与蛋白质结合后，其对可见光的最大吸收波长从 465 nm 变为 595 nm。在考马斯亮蓝 G-250 过量且浓度恒定的情况下，当溶液中的蛋白质含量不同时，就会有不同量的考马斯亮蓝 G-250 从最大吸收波长为 465 nm 的形式转变成最大吸收波长为 595 nm 的形式，而且这种转变呈一定的数量关系。一般情况下，当溶液中的蛋白质含量增加时，显色液在 595 nm 处的吸光度能保持线性增加，因此可以用考马斯亮蓝 G-250 显色法来测定溶液中蛋白质的含量。长期以来，人们一直习惯用 Folin- 酚试剂法来测定蛋白质浓度，但近年来越来越多的人开始用考马斯亮蓝显色法来测定蛋白质浓度，与 Folin- 酚试剂法相比，该方法具有下列优点：①方法简单，只需一种显色液；②反应迅速，只需一步反应，显色可在 5 min 之内完成；③干扰少，许多被认为对 Folin- 酚试剂法有干扰的物质（如糖、缓冲液、还原剂和络合剂）不影响该方法。尽管该方法有如此多的优点，但在实际应用中也有其缺点，如线性关系不是很好，因此使用该方法测定蛋白质浓度时应特别注意。

三、实验用品
【样品】
同实验 2-1。
【试剂】
（1）标准蛋白质溶液：取牛血清白蛋白溶解于蒸馏水，配成质量浓度为 250 mg/L 的溶液。
（2）考马斯亮蓝 G-250 显色液：0.12 g 考马斯亮蓝 G-250 溶解在 100 mL 95% 的乙醇溶液中，加少量蒸馏水后加 100 mL 85% 的磷酸，然后用蒸馏水定容至 1 L，即为显色液。
（3）蒸馏水。
【器材】
试管，移液器，721 型分光光度计，比色皿。

四、实验方法
1. 标准曲线的制定
取 6 支洁净干燥的试管，按下表顺序加入试剂，所有试剂加入后混匀，而后转入比色皿中，可立即在 721 型分光光度计上测定 595 nm 处的吸光度（A_{595}）。

试管编号	蒸馏水 /mL	标准蛋白质溶液 /mL	考马斯亮蓝 G-250 显色液 /mL
1	1.0	0	5
2	0.8	0.2	5
3	0.6	0.4	5
4	0.4	0.6	5
5	0.2	0.8	5
6	0	1.0	5

2. 样品测定

在制定标准曲线的同时，取另一支试管加入 1 mL 样品溶液，然后加入 5 mL 考马斯亮蓝显色液，混匀后测定 A_{595}。为了提高待测样品结果的准确性，可同时对待测样品做一重复。

五、实验结果

1. 以标准蛋白质含量为横坐标，A_{595} 为纵坐标，制作标准蛋白质含量 – 吸光度标准曲线。

2. 根据待测样品的 A_{595} 值可在标准曲线上找到相对应的点，从而得到待测样品的蛋白质浓度。

六、注意事项

1. 在试剂加入后的 5 ~ 20 min 内测定吸光度，因为在这段时间内颜色是最稳定的。

2. 测定过程中，蛋白质 – 考马斯亮蓝 G-250 复合物会有少部分吸附于比色皿壁上，测定完后可用乙醇将比色皿洗干净。

3. 利用考马斯亮蓝显色法测定蛋白质含量，必须要掌握好分光光度计的正确使用方法；重复测定吸光度时，比色皿一定要冲洗干净；制作标准曲线的时候，标准蛋白质溶液最好是从低浓度到高浓度测定，减小误差。

七、实验后思考

1. 蛋白质定量测定方法还有哪些？与其他方法相比，考马斯亮蓝显色法有何优缺点？

2. 如何正确使用分光光度计？

3. 制作标准曲线及测定样品时，为什么要将各试管中溶液颠倒混匀？

八、本实验术语

中文名	英文名
考马斯亮蓝	Coomassie brilliant blue（CBB）
牛血清白蛋白	bovine serum albumin（BSA）
吸光度	absorbance
分光光度计	spectrophotometer
比色皿	cuvette
标准曲线	standard curve

第二部分

核酸

Nucleic acid

实验3 大肠杆菌质粒 DNA 的提取、酶切与琼脂糖凝胶电泳鉴定

Plasmid DNA Extraction, Enzyme Digestion and Agarose Gel Electrophoresis
Identification of *Escherichia coli*

一、目的要求

1. 了解质粒 DNA 微量快速提取的原理。
2. 掌握质粒 DNA 微量快速提取、纯化及鉴定方法。
3. 了解琼脂糖凝胶电泳基本原理和操作技能。

二、实验原理

质粒是细菌细胞内独立存在于染色体之外，能自我复制和遗传的共价闭合环状双链 DNA 分子。天然质粒的 DNA 长度从数千碱基对至数十万碱基对都有，一个细胞里面可以同时有一种乃至于数种的质粒同时存在，质粒的拷贝数在细胞里从单一到数千都有可能。有些质粒含有某种抗药基因（如大肠杆菌中就有含有抗四环素基因的质粒），有一些质粒携带的基因则可以赋予细胞额外的生理代谢能力，质粒的存在与否一般对宿主细胞生存没有决定性的作用。

质粒可以在细胞之间转移，因此对质粒序列实行改造后，可用作外源基因的载体。常见的基因工程载体包括克隆载体和表达载体，克隆载体大多是高拷贝数的载体，这类载体一般以原核细菌为宿主菌。将需要克隆的基因与克隆载体质粒相连接，再导入原核细菌宿主细胞内，质粒会在原核细菌内大量复制，形成大量的基因克隆，被克隆的基因不一定会表达，但一定被大量复制。克隆载体只是为了保存基因片段，这样细胞内不会有很多表达的蛋白质而影响别的生命活动，如高拷贝数的 pBR322 载体、pUC 系列载体、T 载体等都可用作克隆载体。插入到质粒载体内的外源 DNA 序列如果可被转录并翻译成多肽链，那么这类载体即为表达载体，这些载体可以是高拷贝数的，也可以是低拷贝数的，如 pKK223-3 载体、pET 系列载体等。

pET 系列载体是可以在 *E.coli* 中克隆表达外源蛋白的基因工程载体，该系列载体含有噬菌体 T7 强转录及翻译（可选择）信号控制序列，若充分诱导时几乎所有的细胞资源都用于表达目的蛋白；诱导表达后仅几个小时，目的蛋白通常可以占到细胞总蛋白的 50% 以上，是一种在 *E.coli* 细胞中表达外源蛋白的最常用载体之一。为适应不同需要，市面上目前已经开发出几十种不同结构的 pET 系列载体。其中 pET-28a（+）载体在多克隆位点区（T7 表达区）融合了 N 末端的 His 标签、凝血酶位点、T7 标签和 C 末端的 His 标签，为外源基因表达的鉴定和分析提供了位点；该载体整合有 Kan 抗性基因，可用作筛选标记；还整合有 *Lac* I 基因，可用 IPTG 诱导外源基因的表达（如图 3-1 所示）。

从细菌中分离质粒 DNA 的方法都包括 3 个基本步骤：①培养细菌使质粒扩增；②收集和裂解细胞；③分离和纯化质粒 DNA。采用强碱液、加热或溶菌酶（主要针对革兰氏阳性细菌）处理可以破坏菌体细胞壁，十二烷基硫酸钠（SDS）可使细胞膜裂解。经溶菌酶和 SDS 处理后，细菌染色体 DNA 会缠绕附着在细胞碎片上；同时由于细菌染色体 DNA 比质粒大得多，当用强热或酸、碱处理时，细菌的线性染色体 DNA 变性，两条互补链分离开来，而共价闭合环状 DNA（cccDNA）的两条链不会相互分开；当外界条件恢复正常时，线状染色体 DNA 片段难以复性，而是与变性的蛋

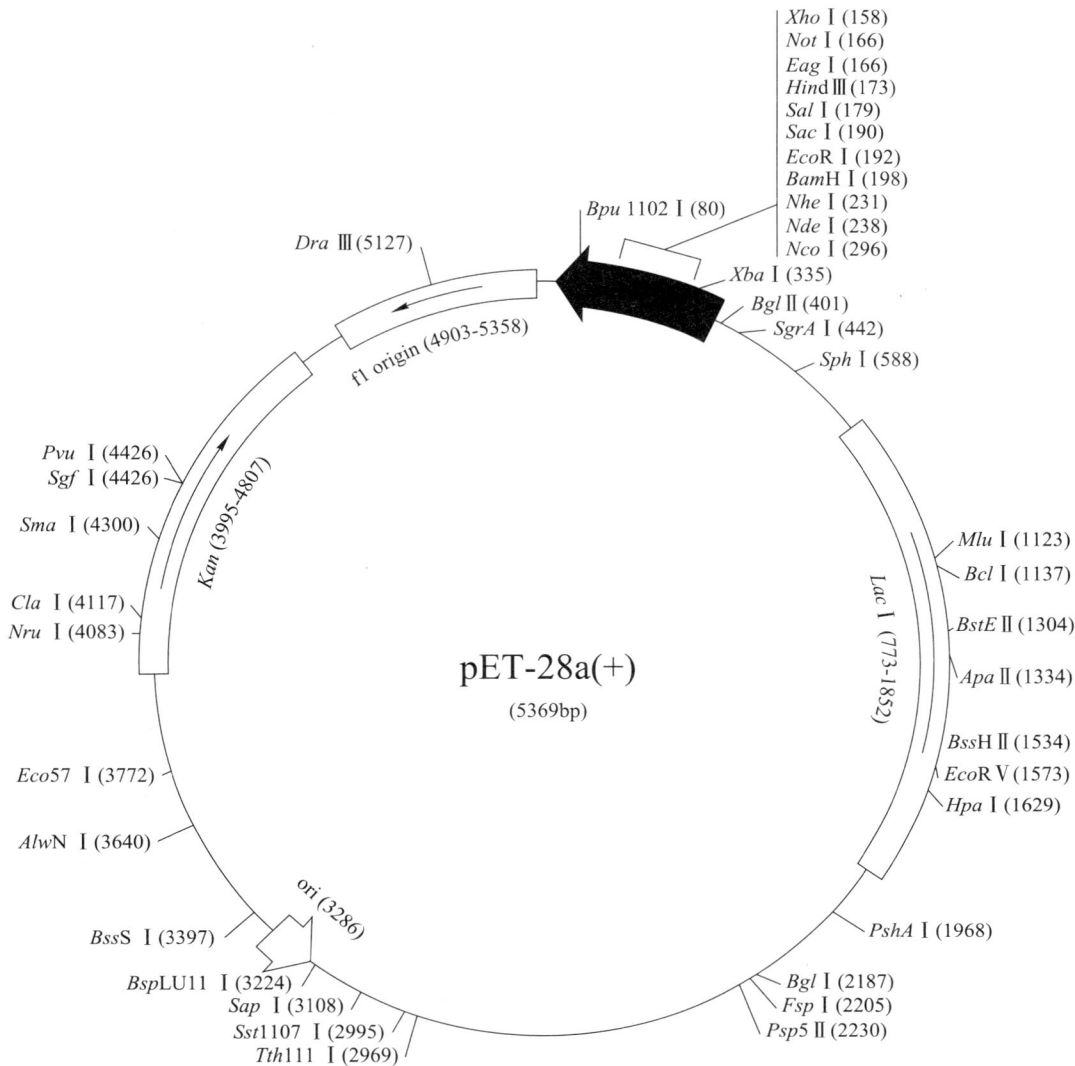

Xho I (158)
Not I (166)
Eag I (166)
Hind III (173)
Sal I (179)
Sac I (190)
*Eco*R I (192)
*Bam*H I (198)
Nhe I (231)
Nde I (238)
Nco I (296)

Bpu 1102 I (80)

Dra III (5127)

Xba I (335)
Bgl II (401)
SgrA I (442)
Sph I (588)

f1 origin (4903–5358)

Pvu I (4426)
Sgf I (4426)

Sma I (4300)

Kan (3995–4807)

Cla I (4117)
Nru I (4083)

Mlu I (1123)
Bcl I (1137)

BstE II (1304)

Apa II (1334)

Lac I (773–1852)

pET-28a(+)

(5369bp)

*Eco*57 I (3772)

*Alw*N I (3640)

BssH II (1534)
*Eco*R V (1573)
Hpa I (1629)

ori (3286)

*Bss*S I (3397)

*Psh*A I (1968)

*Bsp*LU11 I (3224)
Sap I (3108)
*Sst*1107 I (2995)
*Tth*111 I (2969)

Bgl I (2187)
Fsp I (2205)
*Psp*5 II (2230)

图 3-1　pET-28a（+）载体的结构图谱

白质和细胞碎片缠绕在一起，而质粒 DNA 双链又恢复原状，重新形成天然的超螺旋分子，仍以溶解状态存在于液相中。在细菌细胞内，共价闭环质粒以超螺旋形式存在。在提取质粒过程中，除了超螺旋 DNA 外，还会产生其他形式的质粒 DNA。如果质粒 DNA 两条链中有一条链发生一处或多处断裂，分子就能旋转而消除链的张力，形成松弛型的环状分子，称开环 DNA（ocDNA）；如果质粒 DNA 的两条链在同一处断裂，则形成线状 DNA。当提取的质粒 DNA 电泳时，同一质粒 DNA 其超螺旋形式的泳动速度要比开环和线状分子的泳动速度快，因而在质粒电泳结果中可以看到多条质粒条带。

质粒 DNA 由脱氧核糖核苷酸组成，为互补双链的结构。质粒的酶切就是用限制性内切核酸酶去识别质粒 DNA 链上特定的碱基序列并进行切割，使 DNA 链从切割处断裂。由于限制性内切核酸酶具有专一性，即一种酶只能识别一种特定的碱基序列，所以可以用特定的内切酶去切割质粒 DNA，从而得到我们所需的 DNA 片段。

琼脂糖凝胶电泳是用琼脂或琼脂糖作支持介质的一种电泳方法。借助琼脂糖凝胶的分子筛作用，核酸片段因其电荷量、分子量或分子形状不同所致的电泳移动速度差异而分离，是基因操作中常用的重要方法。琼脂糖凝胶具有网状结构，网孔的大小可以通过控制凝胶浓度进行控制，物质分子通过时会受到阻力，大分子物质在涌动时受到的阻力大。因此在凝胶电泳中，带电颗粒的分离不仅取决于净电荷的性质和数量，而且还取决于分子大小（表 3-1）。但由于其孔径相当大，对大多数蛋白质来说其分子筛效应微不足道。普通琼脂糖凝胶分离 DNA 的范围为 0.2～20 kb，利用脉冲电泳，可分离高达 10^7 bp 的 DNA 片段。

表 3-1　不同浓度标准琼脂糖分离 DNA 片段长度的范围

琼脂糖 /%	分离 DNA 片段长度
0.5	0.7～25 kb
0.8	0.5～15 kb
1.0	0.25～12 kb
1.2	0.15～6 kb
1.5	0.08～4 kb

三、实验用品

【材料】

含 pET-28a（+）的 *E. coli* 菌株。

【试剂】

1. 细菌培养试剂

（1）LB 液体培养基：10 g 蛋白胨、5 g 酵母提取物、10 g NaCl 溶解于 800 mL 双蒸水中，调 pH 7.0，定容至 1 000 mL，121℃湿热灭菌 20 min，冷却至常温后保存于 4℃备用。

（2）LB 固体培养基：1 g 蛋白胨、0.5 g 酵母提取物、1 g NaCl 溶解于 80 mL 双蒸水中，调 pH 7.0，定容至 100 mL，加入 1 g 琼脂粉，121℃湿热灭菌 20 min，冷却至 60℃以下，加入无菌 Kan 贮存液至终浓度 50 mg/L 并摇匀，分装至无菌培养皿，待冷却凝固后，保存于 4℃（可保存 1 周）备用。

（3）Kan 贮存液：Kan 干粉 250 mg 溶于 5 mL 双蒸水中，0.22 μm 过滤灭菌器灭菌后分装保存于 -20℃备用。

2. 质粒提取试剂

（1）1 mol/L Tris-HCl（pH 8.0）溶液：在 80 mL 水中溶解 12.191 g Tris 碱，加入浓 HCl 调节 pH 至所需值。应使溶液冷至室温后方可最后调定 pH，加水定容至 100 mL，灭菌，冷却后 4℃保存备用[1]。如果 1 mol Tris-HCl 溶液呈现黄色，应予丢弃并制备质量更好的 Tris。尽可能选择合适的 pH 计测定 Tris-HCl 溶液的 pH。Tris-HCl 溶液的 pH 因温度而异，温度每升高 1℃，pH 大约降低 0.03 个单位。例如：0.05 mol/L 的 Tris-HCl 溶液在 5℃、25℃和 37℃时的 pH 分别为 9.5、8.9 和 8.6。

（2）0.5 mol/L EDTA 溶液（pH 8.0）：在 80 mL 水中加入 18.61 g 二水合乙二胺四乙酸二钠（EDTA-Na$_2$·2H$_2$O），在磁力搅拌器上剧烈搅拌，用固体 NaOH（约 2 g）调 pH 至 8.0，然后定容至 100 mL，高压灭菌，冷却后 4℃保存备用。

【注】EDTA-Na$_2$·2H$_2$O 需加入 NaOH 将溶液的 pH 调至接近 8.0，才能完全溶解。

（3）10 mol/L NaOH 溶液：溶解 40 g NaOH 于 90 mL 水中，NaOH 完全溶解后用水定容至 100 mL，常温保存备用。

（4）100 g/L 十二烷基硫酸钠（SDS）溶液：称取 10 g SDS 慢慢转移到 90 mL 的水中，用磁力搅拌器搅拌直至完全溶解，浓盐酸调 pH 至 7.2，用水定容至 100 mL，常温保存备用。

（5）5 mol/L 乙酸钾（KAc）溶液：称取适量乙酸钾溶解于适量双蒸水中，配制成 5 mol/L 的溶液，灭菌后 4℃保存备用。

（6）Solution I［灭菌后 4℃保存，含有 50 mmol/L 葡萄糖、25 mmol/L Tris·HCl（pH 8.0）、10 mmol/L EDTA（pH 8.0）］：称取 4.5 g 葡萄糖溶于 400 mL 双蒸水，加入 12.5 mL 1 mol/L Tris–HCl（pH 8.0），10 mL 0.5 mol/L EDTA（pH 8.0），定容至 500 mL，灭菌，冷却后 4℃保存备用。

（7）Solution II［现配现用，含有 0.2 mol/L NaOH 和 1% SDS］：取适量 10 mol/L NaOH 溶液和适量 10% SDS 溶液，加适量双蒸水即可。

（8）Solution III：取 60 mL 5 mol/L KAc 溶液、11.5 mL 无水乙酸、28.5 mL 双蒸水，混匀后即可使用。

（9）TE 缓冲液：［含有 10 mmol/L Tris–HCl（pH 8.0）、1 mmol/L EDTA（pH 8.0）］：取适量的 1 mol/L Tris–HCl 溶液（pH 8.0）和 0.5 mol/L EDTA 溶液（pH 8.0）稀释至适量双蒸水中。

3. 质粒酶切试剂

（1）QuickCut *Eco*R I（TAKARA）

（2）10 × QuickCut Buffer（TAKARA）

4. 电泳试剂

（1）0.5 × Tris- 硼酸电泳缓冲液（0.5 × TBE 电泳缓冲液）：取 54 g Tris 碱、27.5 g 硼酸溶于 900 mL 双蒸水中，加入 20 mL 的 0.5 mol/L EDTA（pH 8.0）溶液，补足双蒸水至 1 L，灭菌后保存，使用前稀释 10 倍。

（2）6 × 凝胶上样液（6 × Loading Buffer，4℃贮存）：取 1.5 mL 10 g/L 溴酚蓝溶液，1.5 mL 10 g/L 二甲苯青 FF 溶液，100 μL 0.5 mol/L EDTA 溶液（pH8.0），3 mL 甘油，3.9 mL 双蒸水混合配制。

（3）核酸染料，1 kb DNA Ladder（DNA Marker），琼脂糖。

【器材】

超净工作台，恒温培养箱，恒温摇床，恒温水浴锅，高压灭菌锅，高速离心机，涡旋振荡器，微量移液器，接种针微量进样器，核酸纯化层析柱，电泳仪（槽），电泳梳，紫外观测仪（或凝胶成像分析系统），微波炉，锥形瓶，EP 管、PE 手套及移液器吸头等耗材。

四、实验方法

1. 细菌培养与质粒扩增

（1）用接种针蘸取含 pET–28a（+）的 *E. coli* 菌株，划线接种于 LB 固体培养基，37℃恒温培养 16～20 h。

（2）用接种针挑取单菌落接种于 3 mL 含 Kan 的 LB 液体培养基，37℃振荡培养 10～12 h。

（3）按 1 000 × 稀释比转接菌液于 100 mL 含 Kan 的 LB 液体培养基，37℃振荡培养 10～12 h。

2. 质粒提取纯化

（1）吸取 1.5 mL 菌液至 1.5 mL EP 管中，8 000 r/min 离心 1 min，弃上清液。若菌液不足可再加入菌液离心收集。

（2）用移液器尽可能除去上清液，必要时可用滤纸吸干上清液。

（3）加入 150 μL Solution I，用旋涡振荡器充分悬浮菌体，室温放置 5 min。

（4）加入 250 μL Solution II，缓慢翻转 EP 管约 10 次，混合均匀，室温放置 5 min。

（5）加入 200 μL Solution III，上下翻转 EP 管约 10 次，混合均匀，冰浴 10 min。

（6）4℃或室温下 13 000 r/min 离心 10 min。

（7）小心转移上清液至核酸纯化层析柱内，室温下 10 000 r/min 离心 1 min，使裂解液完全流过柱子，弃去 EP 管中的过滤液。

（8）把核酸纯化层析柱重新装入 2 mL EP 管中，加入 700 μL TE 缓冲液至核酸纯化层析柱，室温下 13 000 r/min 离心 1 min，弃去 EP 管中的洗涤液。

（9）加入 700 μL 70% 乙醇溶液（室温），室温下 12 000 r/min 离心 1 min，弃去 EP 管中的洗涤液。

（10）将核酸纯化层析柱套回 2 mL EP 管内，室温下 13 000 r/min 离心 2 min 以甩干核酸纯化层析柱中残余的液体。

（11）把核酸纯化层析柱装入一干净的 1.5 mL EP 管中，加入 50 μL 的 TE 缓冲液（可用灭过菌的双蒸水代替）到柱基质膜的中央，室温（或 65℃）放置 5 min，13 000 r/min 离心 1 min 以洗脱收集 DNA 产物。

3. 质粒单酶切

（1）取 1.5 ml EP 管 1 个，按下表添加试剂 / 材料。

试剂 / 材料	体积 / 质量
质粒	1 μg
QuickCut *Eco*R I	1 μL
10 × QuickCut Buffer	5 μL
双蒸水	补足至 50 μL

（2）将 EP 管放入恒温水浴锅，37℃水浴 1 h。

4. 琼脂糖凝胶电泳检测质粒 DNA

（1）参照电泳槽使用说明组装好制胶器。

（2）称取 0.3 g 琼脂糖放于锥形瓶中，加入 30 mL 的 0.5 × TBE 电泳缓冲液，放于微波炉中煮沸至琼脂糖完全溶解（溶液清澈透明）。

（3）冷却到 60℃左右，根据核酸染料使用说明添加适量核酸染料（有些染料可不需加入凝胶），摇匀。

（4）将胶倒于制胶器中（凝胶厚约 0.5 cm 即可），插好电泳梳，待胶冷却凝固后，转入电泳槽，加入适量 0.5 × TBE 电泳缓冲液，并拔出电泳梳。

（5）取 5 μL 样品溶液，加 1 μL 6 × 凝胶上样液，混匀后移入点样孔，在另一点样孔中加入 5 μL 的 1 kb DNA Ladder 以做对照。

（6）接通电源，110 V 恒压电泳（一般电势差控制在 5 ~ 7 V/cm）40 min 左右（以指示剂前沿接近凝胶边缘时停止通电）。

（7）将凝胶取出，置于紫外观测仪观察结果。

五、实验结果

在紫外观测仪中观察电泳结果并绘图，并对各条带进行说明。

六、注意事项

1. 收集菌体时要尽量除尽水分，必要时可用滤纸吸干。

2. 菌体在 Solution I 中悬浮一定要均匀，不能有结块。

3. 加入 Solution II 以后的操作要轻柔，防止基因组 DNA 断裂污染质粒产物。

4. 加入 Solution II 后裂解时间不可过长，加入 Solution III 后复性时间不宜过长（一般

10 min 左右）

5. 将上清液转入核酸纯化层析柱时，注意不要吸入沉淀和液面上漂浮的杂质。

七、实验后思考

1. 碱法提取质粒的基本原理是什么？

2. 在质粒提取过程中，应如何避免染色体 DNA 污染？

3. 提纯的质粒 DNA 用琼脂糖电泳检查时为什么会出现不同的电泳条带？

4. 如果看到质粒 DNA 条带有"拖尾"现象，试述此现象是由什么原因造成的。

八、本实验术语

中文名	英文名
质粒	plasmid
脱氧核糖核酸	deoxyribonucleic acid（DNA）
琼脂糖凝胶电泳	agarose gel electrophoresis
拷贝数	copy number
克隆载体	cloning vector
表达载体	expression vector
十二烷基硫酸钠	sodium dodecyl sulfate（SDS）
溶菌酶	lysozyme
共价闭合环状 DNA	covalently closed circular DNA（cccDNA）
超螺旋	supercoil
开环 DNA	open circular DNA（ocDNA）
线状 DNA	linear DNA
溶菌肉汤	lysogeny broth（LB）
蛋白胨	peptone
酵母提取物	yeast extract

网上更多学习资源……

◆教学课件　　◆自测题　　◆参考文献　　◆实验报告

实验 4　动物肝中 DNA 的提取和含量测定（紫外吸收法）

Extraction of DNA from Animal Liver and Determination of The Content by Ultraviolet Absorption Method

一、实验目的

1. 掌握动物肝中 DNA 提取的原理及操作过程。
2. 熟悉 DNA 纯度及含量测定方法。

二、实验原理

DNA 存在于细胞核中，提取 DNA 需要将细胞裂解，然后用化学或酶学方法去除蛋白质、RNA 和其他大分子杂质。本实验在 EDTA（隔离二价阳离子，从而抑制 DNA 酶）存在下用变性剂（如 SDS）溶解膜使蛋白质变性，用有机溶剂沉淀提取 DNA。该法可获得的 DNA 量从 10 μg 至数百 μg，可满足进一步进行 Southern 分析、作为 PCR 的模板、构建 DNA 文库的实验需要。

三、实验用品

【材料】

新鲜猪肝。

【试剂】

（1）0.15 mol/L NaCl–0.015 mol/L 柠檬酸钠缓冲溶液（pH 7.0）：称取 8.77 g NaCl 和 4.41 g 柠檬酸钠（$Na_3CH_5O_7 \cdot 2H_2O$），用蒸馏水溶解，以 0.1 mol/L NaOH 溶液调节 pH 至 7.0，最后定容至 1 000 mL。

（2）50 g/L SDS：称取 5 g SDS 溶解在 100 mL 45% 的乙醇溶液中。

（3）0.15 mol/L NaCl–0.015 mol/L EDTA–Na_2 溶液（pH 8.0）：称取 8.77 g NaCl 和 37.2 g EDTA–Na_2 溶于 800 mL 蒸馏水中，以 2 mol/L NaOH 溶液调节 pH 至 8.0，最后定容至 1 000 mL。

（4）氯仿 – 异戊醇溶液：按氯仿：异戊醇 = 20：1（体积比）配制。

（5）95% 乙醇溶液、75% 乙醇溶液、固体 NaCl。

【器材】

剪刀，天平，滴管，试管，磨口三角瓶，烧杯，玻璃棒，量筒，组织捣碎机，玻璃匀浆器，离心机，离心管，紫外分光光度计，比色皿。

四、实验方法

1. DNA 的提取和纯化

（1）取新鲜猪肝，除去血水和结缔组织，在冰浴上剪成小块，称取 10 g，加入 20 mL 0.15 mol/L NaCl–0.015 mol/L 柠檬酸钠缓冲溶液，在组织捣碎机中迅速捣成匀浆，再以玻璃匀浆器处理 2～3 次使细胞破碎，最后加 0.15 mol/L NaCl–0.015 mol/L 柠檬酸钠缓冲溶液至 50 mL。

（2）将组织匀浆移入离心管内，浸入冰盐溶液中冷却，而后在 4 ℃ 下 6 000 r/min 离心 5～10 min，弃上清液。将沉淀用 2 倍体积的冷的上述缓冲液洗涤 2 次，洗涤时用玻璃匀浆器研磨洗涤，离心条件同上。

（3）将离心后所得沉淀物悬于 5 倍体积的 0.15 mol/L NaCl–0.015 mol/L EDTA–Na$_2$（pH 8.0）溶液中，边搅拌边慢慢滴加 50 g/L SDS 溶液，直至 SDS 终浓度达到 10 g/L 为止。然后加入固体 NaCl，使其终浓度达 1 mol/L。继续不断搅拌 30～45 min，以确保 NaCl 全部溶解，此时可见溶液由黏稠变稀薄。

（4）将上述混合溶液倒入一个 300 ml 磨口三角瓶里，加入等体积的氯仿 – 异戊醇溶液，振荡 20 min，转移至离心管室温 3 000 r/min 离心 10 min。此时可见离心管中分为三层，上层为水溶液，中层为变性蛋白，下层为氯仿 – 异戊醇。振荡、离心取上清液。如此重复直至中间变性蛋白消失。

（5）最后一次离心后小心吸取上层水相，记录体积，放入烧杯中，加入 2 倍体积预冷的 95% 乙醇溶液。加入时，用滴管吸取乙醇溶液，边加边用玻璃棒慢慢顺一个方向在烧杯内转动，此时可见白色 DNA 纤维逐渐缠于玻璃棒上，直至无纤维出现为止。

2. DNA 分析

将所得 DNA 纤维用 75% 乙醇溶液离心洗涤 2 次，置于干净试管中，加入 0.15 mol/L NaCl–0.015 mol/L 柠檬酸钠缓冲溶液 5 ml，使其溶解。

（1）DNA 纯度：通过测定 260 nm 和 280 nm 处的吸光度比值（A_{260}/A_{280}），如果比值大于 1.8 说明含有 RNA，如果比值小于 1.8 说明含有蛋白质，如果等于 1.8 说明 DNA 纯度较高。

（2）DNA 浓度：根据以下公式计算 DNA 浓度。

$$C_{DNA}（\mu g/mL）= \frac{A_{260}}{0.020 \times L} \times N$$

式中：L 为比色皿的厚度（一般为 1 cm），0.020 为 1 μg DNA 在 1 mL 溶液中的吸光度，N 为稀释倍数。

五、实验结果

观察是否可见 DNA，如有应记录颜色和有无断裂现象。

六、注意事项

1. 制备肝细胞匀浆时不要过度匀浆，以免 DNA 纤维断裂。
2. 加入氯仿 – 异戊醇溶液后勿剧烈振荡，以免 DNA 纤维断裂。
3. 为了尽量降低 DNA 酶的影响，提取过程应在冰浴上进行。

七、实验后思考

1. 依次说明提取过程中所用的各种试剂的作用。
2. 本实验中哪些因素不利于 DNA 分子的完整获得？

八、本实验术语

中文名	英文名
提取	extract
裂解	cracking
变性剂	denaturant
萃取	extraction
柠檬酸钠缓冲溶液	sodium citrate buffer solution

续表

中文名	英文名
冰浴	ice bath
组织匀浆	tissue homogenate
离心	centrifuge
预冷	pre-cooling
紫外吸收法	UV absorption method
吸光度	absorbance

实验 5　酵母 RNA 的提取和鉴定

Extraction and Identification of Yeast RNA

一、目的要求

1. 了解稀碱法从酵母中提取 RNA 的原理和方法。
2. 学习 RNA 组成成分的鉴定方法。
3. 学习和掌握离心机的使用方法。

二、实验原理

　　微生物是工业上大量生产核酸的原料，其中以酵母尤为理想，这是因为酵母核酸主要是 RNA，DNA 很少，菌体容易收集，RNA 也易于分离。由于 RNA 的来源和种类较多，所以制备方法也各异，工业生产常用的是稀碱法和浓盐法。前者利用稀碱溶液使细胞壁溶解，这种方法抽提时间短，但 RNA 在此条件下不稳定，容易分解；后者是在加热条件下，利用高浓度的盐溶液改变细胞膜的通透性，此法易掌握，产品纯度较好。要避免 RNA 降解，可采用苯酚法制备 RNA，其原理是用苯酚处理生物材料，使蛋白质变性，然后离心，上层水溶液内含有全部 RNA，可用乙醇沉淀出来。

　　本实验采用稀碱法提取酵母中的 RNA，稀碱溶液能使细胞壁溶解，释放出 RNA，释放出来的 RNA 可以溶解在稀碱溶液中。当碱被中和后，可加乙醇使其沉淀，由此可得到 RNA 粗制品。

　　RNA 鉴定和定量测定常用苔黑酚法。其反应原理是：当 RNA 与浓盐酸共热时，即发生降解，形成的核糖继而转变成糠醛，后者与 5– 甲基间苯二酚（即苔黑酚，又称地衣酚）反应，在 Fe^{3+} 或 Cu^{2+} 催化下，生成鲜绿色复合物，反应产物在 670 nm 处有最大吸收。RNA 浓度在 $20 \sim 250$ μg/mL 范围内，吸光度与 RNA 浓度成正比。苔黑酚法特异性较差，凡戊糖均有此反应，DNA 和其他杂质也能与苔黑酚反应产生类似颜色。因此，测定 RNA 时可先测得 DNA 含量再计算 RNA 含量。

　　嘌呤碱的鉴定通常采用絮状嘌呤银沉淀的方法。嘌呤碱在碱性溶液下与硝酸银反应，会有絮状沉淀产生，因为嘌呤是含氮特别丰富的有机化合物，嘌呤环上的氮原子带有孤电子对，银离子有空的 S 轨道，可以接受氮原子的孤对电子形成嘌呤银配离子。若溶液中有氢氧根，嘌呤银配离子会与氢氧根结合，变成嘌呤银化合物，形成白色絮状沉淀。

三、实验用品

【材料】

干酵母。

【试剂】

（1）2 g/L 氢氧化钠溶液：2 g 氢氧化钠溶于蒸馏水并稀释至 1 000 mL。

（2）50 g/L 硝酸银溶液：5 g 硝酸银溶于蒸馏水并稀释至 100 mL，贮于棕色瓶中。

（3）苔黑酚 – 三氯化铁试剂：将 100 mg 苔黑酚溶于 100 mL 浓盐酸中，再加入 100 mg 三氯化铁，临用时配制。

（4）95% 乙醇溶液，氨水，无水乙酸，10% 硫酸溶液。

【器材】

离心机，电子天平，100 mL 烧杯，pH 试纸（pH 1 ~ 14），玻璃棒，试管，恒温水浴锅，离心管。

四、实验方法

1. 在天平上称取 6 g 干酵母转移至 100 mL 烧杯中，加入 2 g/L 氢氧化钠溶液 45 mL，沸水浴加热 20 min，并经常搅拌。加入 7 滴无水乙酸，使提取溶液呈微酸性（用 pH 试纸检验）。3 500 r/min，离心 10 min。

2. 取上清液，一边搅拌一边缓缓加入两倍于上清液体积的 95% 乙醇溶液以沉淀 RNA，静置 10 分钟，待完全沉淀，3 500 r/min 离心 3 min。

3. 上清液倒入回收瓶中，沉淀用 95% 乙醇溶液洗两次，即得 RNA 粗制品。每洗一次都应用玻璃棒小心搅动沉淀，而后离心分离，每次离心均为 3 min，转速为 3 500 r/min，上清液倒入相应的回收瓶中。

4. 取以上所得 RNA 粗制品的 1/4，加 100 硫酸溶液 5 mL，加热至沸腾 1~2 min，将 RNA 水解。

5. 取水解液 0.5 mL，加苔黑酚 – 三氯化铁试剂 1 mL，加热至沸腾 1 min，观察颜色变化。

6. 取 50 g/L 硝酸银溶液 1 mL，加入氨水至生成的沉淀刚好消失，然后逐滴加入水解液，观察是否产生絮状嘌呤银化合物（有时絮状物出现较慢，可放置 10 min 后再观察）。

五、实验结果

1. 对所提取的产物进行定性鉴定，分析是否为 RNA。
2. 保存好所提取的 RNA 样品，用于进一步定量分析。

六、注意事项

1. 提取时应注意温度，避免在 20~70℃之间停留时间太长，因为这是磷酸二酯酶和磷酸单酯酶作用活跃的温度范围，会使 RNA 因降解而不能收集到。如果迅速加热至 90~100℃则会使蛋白质变性，破坏上述两种酶，将有利于 RNA 的提取。

2. 离心的时候，要两两对称放置，且对称位置两离心管及其所装溶液总质量相同，否则会损坏离心机转子。

七、实验后思考

1. 稀碱法提取 RNA 为什么必须在沸水浴中进行？
2. 加热提取 RNA 后为什么要加乙酸中和至微酸性？无水乙酸能不能多加？为什么？
3. 加无水乙酸后进行离心分离，上清液及沉淀物中的主要成分各是什么？

八、本实验术语

中文名	英文名
酵母	yeast
苔黑酚	orcinol
乙醇	ethanol
硝酸银	silver nitrate
乙酸	acetic acid
氨水	ammonia water
三氯化铁	ferric chloride
离心	centrifuge

续表

中文名	英文名
沉淀	precipitate
嘌呤银	purine silver
提取	extraction
鉴定	identification
沸水浴	boiling water bath

第三部分

酶

Enzyme

实验 6 酶的性质

一、目的要求

1. 加深对酶性质的认识。
2. 掌握检查酶性质的方法及原理。

二、实验结果

1. 记录实验 6-1 各试管反应后沉淀现象并解释原因。
2. 记录实验 6-2 各试管呈色现象并解释原因。
3. 观察实验 6-3 各试管颜色变化并解释原因。
4. 观察实验 6-4 各试管与碘反应的颜色变化并记录时间。

三、注意事项

1. 唾液稀释倍数一般为 200 倍。由于每个人唾液内淀粉酶活性并不相同，有时差别很大，稀释倍数可以是 50 ~ 300 倍，甚至超出此范围。

2. 很少量的激动剂或抑制剂就会影响酶的活性，而且还常具有特异性。值得注意的是激动剂和抑制剂不是绝对的，有些物质在低浓度时为某种酶的激动剂，而在高浓度时则为该酶的抑制剂。

3. 实验时必须严格遵守操作规程，做酶学实验所用的玻璃仪器等一切器皿必须洁净，以除去抑制酶活性的杂质。

4. 本实验的单位"滴"，使用的是常规的胶头滴管（10 mL），一滴约为 0.05 mL。

四、实验后思考

1. 什么是酶的专一性？本实验结果为什么能说明酶具有这种性质？
2. 什么是酶的最适温度、最适 pH？有何实际意义？
3. 酶作为生物催化剂具有哪些特性？
4. 进行酶的实验必须注意控制哪些条件？为什么？

五、本实验术语

中文名	英文名
生物催化剂	biological catalyst
酶	enzyme
特异性	specificity
水解	hydrolysis
淀粉	amylum
蔗糖	sucrose
棉籽糖	raffinose

续表

中文名	英文名
还原	reduction
过滤	filter
唾液淀粉酶	salivary amylase
酵母蔗糖酶	yeast sucrase
班氏试剂	Benedict reagent
酶促反应	enzyme catalysis
磷酸氢二钠	disodium hydrogen phosphate
柠檬酸	citric acid

▶ 6-1　酶的特异性

Enzyme Specificity

一、实验原理

酶是一种生物催化剂，具有高度的特异性（专一性），即每一种酶只能使一种或一类物质发生化学反应。

本实验以唾液淀粉酶及酵母蔗糖酶催化不同底物的水解作用来观察酶的特异性。淀粉、蔗糖和棉籽糖没有还原性，经酶作用后释放出的还原糖可用班氏试剂加以检查。

二、实验用品

【材料】

（1）稀释唾液：漱口后收集唾液，用漏斗加少量脱脂棉过滤，滤液稀释 100 倍备用。

（2）酵母蔗糖酶粗提液：取少量鲜酵母，于研钵中加少量水研磨，研磨均匀再加少量水稀释，滤纸过滤，滤液即为酵母蔗糖酶粗提液。

【试剂】

（1）10 g/L 淀粉溶液（含 3 g/L NaCl），10 g/L 蔗糖溶液，10 g/L 棉籽糖溶液。

（2）班氏试剂：称取柠檬酸钠 173 g 和无水碳酸钠 100 g，溶于 700 mL 热蒸馏水中，冷却，慢慢倾入 173 g/L $CuSO_4$ 溶液（溶解 27 g $CuSO_4 \cdot 5H_2O$ 于蒸馏水中）100 mL，边加边摇，加蒸馏水至 1 000 mL。

【器材】

试管，试管架，漏斗，脱脂棉，研钵，恒温水浴锅，温度计，胶头滴管（10 mL）。

三、实验方法

1. 取 8 支试管，按下表添加试剂。

试剂	试管编号							
	1	2	3	4	5	6	7	8
10 g/L 淀粉溶液 / 滴	2	—	—	—	2	—	—	—
10 g/L 蔗糖溶液 / 滴	—	2	—	—	—	2	—	—
10 g/L 棉籽糖溶液 / 滴	—	—	2	—	2	—	2	—
稀释唾液 / 滴	2	2	2	2	—	—	—	—
酵母蔗糖酶粗提液 / 滴	—	—	—	—	—	2	2	2
蒸馏水 / 滴	—	—	—	2	—	—	—	2

2. 加毕，各试管置 37℃ 水浴 10 min 后，各加班氏试剂 2 滴，置沸水浴 3 min 观察结果，并解释现象。

▶ 6-2 温度对酶活性的影响

Effect of Temperature on Enzyme Activity

一、实验原理

温度对酶活性有显著影响，在一定温度范围内，温度升高酶促反应加快，反之则降低。当温度升高至某一特定值时，酶活性最高，此温度称为该酶的最适温度。高于此温度，酶蛋白变性，逐渐失活，酶促反应速度下降。

本实验以唾液淀粉酶在不同温度下对淀粉的作用为例，观察温度对酶活性的影响，淀粉的水解程度用其与碘液的呈色反应程度加以区别。

二、实验用品

【材料】

稀释唾液：漱口后收集唾液，用漏斗加少量脱脂棉过滤，滤液稀释 100 倍备用。

【试剂】

（1）碘 – 碘化钾溶液：取碘 4 g 及碘化钾 6 g 溶于 100 mL 蒸馏水中，于棕色瓶中保存。

（2）10 g/L 淀粉溶液。

【器材】

试管，试管架，漏斗，脱脂棉，恒温水浴锅，温度计，反应板，胶头滴管（10 mL）。

三、实验方法

1. 取试管 3 支并编号，按下表操作。加毕，分别按下表中的反应条件继续反应 10 min。

试剂	试管编号		
	1	2	3
10 g/L 淀粉溶液 /mL	1	1	1
稀释唾液 / 滴	4	4	4
反应条件	沸水浴	37℃水浴	冰浴

2. 从 3 支试管中各取出溶液 1 滴于反应板上，加上 1 滴碘 – 碘化钾溶液，观察呈色现象，记录结果并解释原因。

▶ 6-3 pH 对酶活性的影响

Effect of pH on Enzyme Activity

一、实验原理

pH 直接关系到酶蛋白及底物分子的解离和带电状况，影响酶和底物的结合，从而影响酶促反应速度。当溶液的 pH 达到某一特定值时，酶的活力最高，该 pH 称为最适 pH。每种酶都有其特定的最适 pH。

二、实验用品

【材料】

稀释唾液：漱口后收集唾液，用漏斗加少量脱脂棉过滤，滤液稀释 100 倍备用。

【试剂】

新配制的 10 g/L 淀粉溶液（其中含 3 g/L NaCl），0.2 mol/L 磷酸氢二钠溶液，0.1 mol/L 柠檬酸溶液。

【器材】

试管，试管架，漏斗，脱脂棉，锥形瓶（50 mL），移液器，胶头滴管（10 mL），反应板。

三、实验方法

1. 缓冲液的配制：取 50 mL 锥形瓶 5 只，按下表编号并吸取溶液混合。

锥形瓶编号	0.2 mol/L 磷酸氢二钠溶液 /mL	0.1 mol/L 柠檬酸溶液 /mL	pH
1	5.15	4.85	5.0
2	6.61	3.39	6.2
3	7.72	2.28	6.8
4	9.08	0.92	7.4
5	9.72	0.28	8.0

2. 取 5 支试管，编号，各加入相应瓶号中的缓冲液 3 mL、10 g/L 淀粉溶液（含 3 g/L NaCl）2 mL 及稀释 10 倍的唾液 1 mL 混合后，置 37℃水浴中保温。每隔 1 min 从第 3 管中取出 1 滴反应液置反应板上加 1 滴碘液，检测淀粉的水解程度。当颜色为橙黄色时，向 5 支试管中各加 1 滴碘液，观察颜色并加以说明。

▶ 6-4 酶的激动与抑制

Activation and Inhibition of Enzyme

一、实验原理

很多物质可以加速或抑制酶的催化作用，前者称为激动剂，后者称为抑制剂。本实验分别观察 NaCl 及 $CuSO_4$ 对唾液淀粉酶的激动和抑制作用。

二、实验用品

【材料】

稀释唾液：漱口后收集唾液，用漏斗加少量脱脂棉过滤，滤液稀释 100 倍备用。

【试剂】

新配制的 10 g/L 淀粉溶液，10 g/L NaCl 溶液，10 g/L $CuSO_4$ 溶液，碘 – 碘化钾溶液（同实验 6-2）。

【器材】

试管，试管架，漏斗，脱脂棉，恒温水浴锅，胶头滴管（10 mL），反应板。

三、实验方法

1. 取试管 3 支，如下表所示添加试剂。

试管编号	10 g/L 淀粉溶液 / 滴	稀释唾液 / 滴	作用剂（各 3 滴）
1	16	8	蒸馏水
2	16	8	10 g/L NaCl
3	16	8	10 g/L $CuSO_4$

2. 加完后将上述三管同时放入 37℃水浴。每隔 1～2 min 分别从各管取出 1 滴反应液，加在预先滴好碘 – 碘化钾溶液的反应板上（先取第 2 管），比较淀粉水解速度。记录结果，分析原因。

实验 7　酶活力的测定

Determination of Enzyme Activity

▶ 7–1　血清中谷丙转氨酶的活力变化观察

Observing Enzyme Activity Changes of Glutamic-pyruvic Transaminase (SGPT) in Serum

一、目的要求

1. 了解血清谷丙转氨酶活力变化的意义。
2. 掌握血清谷丙转氨酶活力的测定方法。

二、实验原理

氨基转移酶（简称转氨酶）种类很多，广泛分布于各种脏器组织中，在正常血清中含量很低。

谷丙转氨酶（GPT）在肝中含量最高，当某些药物对肝造成损害或者在病毒性肝炎的急性阶段，由于肝细胞损坏，该酶进入血液，可使血清谷丙转氨酶（SGPT）含量明显升高。因此测定血清谷丙转氨酶的活力可作为判断药物亚急性中毒及肝病变的重要指标之一。

GPT 能催化丙氨酸与 α– 酮戊二酸生成谷氨酸和丙酮酸，丙酮酸在酸性条件下与 2,4– 二硝基苯肼可缩合成丙酮酸二硝基苯腙，其在碱性条件下呈现出橙红色。反应过程如下。

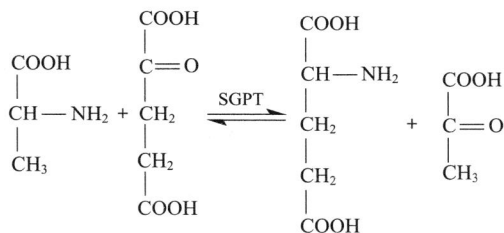

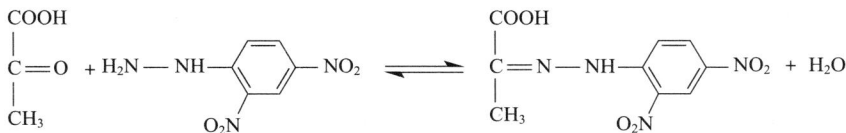

SGPT 活力单位的定义是：1 mL 血清在 37℃ 与底物作用 30 min，每产生 2.5 μg 丙酮酸所需酶的量为一个 SGPT 活力单位。

三、实验用品

【材料】

血清。

【试剂】

（1）丙酮酸标准溶液：准确称取 22 mg 纯净丙酮酸钠，用 0.1 mol/L 磷酸缓冲液（pH 7.4）溶解并定容至 100 mL。

（2）SGPT 底物溶液：准确称取 α- 酮戊二酸 87.6 mg，DL- 丙氨酸 5.34 g，先用 90 mL 0.1 mol/L 磷酸缓冲液（pH 7.4）溶解，然后用 200 g/L NaOH 溶液调至 pH 7.4，再以上述磷酸缓冲液稀释至 300 mL，冰箱保存可用一周（加氯仿防腐）。

（3）0.1 mol/L 磷酸缓冲液（pH 7.4）：称取 KH_2PO_4 2.69 g 及 K_2HPO_4 13.97 g，加蒸馏水溶解后，转移至容量瓶中，用蒸馏水定容至 1 000 mL 即得。

（4）2,4- 二硝基苯肼溶液：称取 19.8 mg 2,4- 二硝基苯肼，置 100 mL 容量瓶中，先用 8 mL 浓盐酸溶解后，再用蒸馏水定容。

（5）0.4 mol/L 氢氧化钠溶液。

【器材】

试管，恒温水浴锅，721 型分光光度计，比色皿，移液器（0.1 mL、5 mL）。

四、实验方法

1. 标准曲线的绘制

（1）取干燥洁净试管 6 支，编号，按下表所示添加试剂。

试剂	试管编号					
	0	1	2	3	4	5
丙酮酸标准溶液 /mL	0.00	0.05	0.10	0.15	0.20	0.25
SALT 底物溶液 /mL	0.50	0.45	0.40	0.35	0.30	0.25
0.1 mol/L 磷酸缓冲液（pH 7.4）/mL	0.10	0.10	0.10	0.10	0.10	0.10

（2）将试管置于 37℃ 水浴中保温 10 min，平衡管内外温度，然后向每管加 0.5 mL 2,4- 二硝基苯肼溶液，再保温 20 min。分别向各管加入 0.4 mol/L 氢氧化钠溶液 5 mL，室温下静置 10 min 后，在 721 型分光光度计上用蒸馏水调零点，于 520 nm 处测吸光度。以各管吸光度减去空白管吸光度为纵坐标，丙酮酸质量（μg）为横坐标作标准曲线。

2. SGPT 活力测定

（1）取洁净干燥试管 4 支，即测定管、对照管各 2 支，按下表添加试剂和操作。

试剂	测定管	对照管
血清 /mL	0.1	0.1
SGPT 底物溶液 /mL	0.5	—
37℃水浴 30 min		
2,4- 二硝基苯肼溶液 /mL	0.5	0.5
SGPT 底物溶液 /mL	—	0.5
37℃水浴 20 min		
0.4 mol/L 氢氧化钠溶液 /mL	5.0	5.0

（2）各管反应完毕，混匀，室温下静置 10 min 后，在 721 型分光光度计上以蒸馏水调零点测定吸光度。

五、实验结果

由标准曲线上查得丙酮酸质量（μg），根据下式计算 SGPT 的活力：

$$U_{SGPT活力} = \frac{m_1 - m_2}{2.5 \times 0.1}$$

式中：m_1 为测定管中丙酮酸质量（μg），m_2 为对照管中丙酮酸质量（μg），2.5 为丙酮酸质量，0.1 为吸取的血清体积（mL）。

六、注意事项

1. 在呈色反应中，2,4- 二硝基苯肼可与有酮基的化合物作用形成苯腙，底物中 α- 酮戊二酸可与之发生反应，生成 α- 酮戊二酸苯腙。故制作标准曲线时，需加入一定量的底物以抵消 α- 酮戊二酸的影响。

2. 整个实验试剂添加量应准确，严格控制反应时间和温度。

3. 在测定 GPT 活力时，应事先将底物、血清置于 37℃ 恒温水浴中，然后在血清管中加入底物，准确计时。

4. 标准曲线上数值在 20 U ~ 100 U 是比较准确可靠的，超过 200 U 时，需将样品稀释后再进行测定。

5. 丙氨酸应使用 DL- 型，不能使用 D- 型。如用 L- 型，用量应减半。

6. 溶血标本不宜采用，因为血细胞内转氨酶活力较高，会影响测定结果。

七、实验后思考

在测定酶活力时，为什么对试剂配制、试剂用量、血清用量、温度、pH 和作用时间均需严格控制？

八、本实验术语

中文名	英文名
酶活力	enzyme activity
氨基转移酶	aminotransferase
谷丙转氨酶	glutamic-pyruvic transaminase（GPT）
丙酮酸	pyruvic acid
谷氨酸	glutamic acid（Glu，E）
丙氨酸	alanine（Ala，A）
α- 酮戊二酸	α-ketoglutaric acid（α-KG）
2,4- 二硝基苯肼	2,4-dinitrophenylhydrazine（DNPH）

▶ 7-2　液化型淀粉酶活力和比活力的测定

Determination of Liquefying Amylase Activity and Specific Activity

一、目的要求

1. 了解酶活力测定的意义。
2. 熟悉并掌握测定液化型淀粉酶活力的原理和方法。

二、实验原理

α- 淀粉酶可以水解淀粉内部的 α-1,4- 糖苷键，水解产物为糊精、低聚糖和单糖，酶作用后可使糊化淀粉的黏度迅速降低，变成液化淀粉，故又称为液化型淀粉酶。

α-淀粉酶分子中含有一个结合得相当牢固的钙离子，这个钙离子不直接参与酶-底物络合物的形成，其功能是保持酶的结构，使酶具有最大的稳定性和最高的活性。

α-淀粉酶依来源不同，最适 pH 在 4.5~7.0 之间，从人类唾液和猪胰得到的 α-淀粉酶的最适 pH 范围较窄，在 6.0~7.0 之间；枯草杆菌 α-淀粉酶的最适 pH 范围较宽，在 5.0~7.0 之间；嗜热脂肪芽孢杆菌 α-淀粉酶的最适 pH 则在 3.0 左右；高粱芽 α-淀粉酶的最适 pH 范围为 4.8~5.4；小麦 α-淀粉酶的最适 pH 在 4.5 左右，当 pH 低于 4 时，活性显著下降，而超过 5 时，活性缓慢下降。

α-淀粉酶以直链淀粉为底物时，反应一般按两阶段进行。第一阶段，直链淀粉快速降解，产生低聚糖，此阶段直链淀粉的黏度及与碘发生呈色反应的能力迅速下降。第二阶段的反应比第一阶段慢很多，包括低聚糖缓慢水解生成最终产物葡萄糖和麦芽糖。α-淀粉酶作用于支链淀粉时产生葡萄糖、麦芽糖和一系列限制糊精（由 4 个或更多个葡萄糖基构成低聚糖），后者都含有 α-1,6-糖苷键。

液化型淀粉酶能使可溶性淀粉与碘呈蓝紫色的特征反应逐渐消失。本实验以碘的呈色来测定水解作用的速度，从而衡量酶活力的大小。

三、实验用品
【试剂】

（1）原碘液：称取碘（I_2）11 g，碘化钾（KI）22 g，先用少量蒸馏水完全溶解后定容至 500 mL，贮存于棕色瓶内备用。

（2）稀碘液：吸取原碘液 2 mL，加碘化钾（KI）20 g，用蒸馏水溶解定容至 500 mL，即为稀碘液，贮存于棕色瓶内备用。

（3）20 g/L 可溶性淀粉溶液：准确称取可溶性淀粉 2.0 g（预先于 100~105℃烘干），加少量水调匀，倾入 80 mL 沸水中，继续煮沸至透明。冷却后用蒸馏水定容至 100 mL。

（4）0.02 mol/L 磷酸氢二钠-柠檬酸缓冲液（pH 6.0）：称取磷酸氢二钠（$Na_2HPO_4 \cdot 12H_2O$）45.23 g 和柠檬酸（$C_6H_8O_7 \cdot H_2O$）8.07 g，用蒸馏水溶解定容至 1 000 mL。

（5）标准终点比色液

① 精确称取氯化钴（$CoCl_2 \cdot 6H_2O$）40.243 g 和重铬酸钾（$K_2Cr_2O_7$）0.4878 g，以蒸馏水溶解定容至 500 mL。

② 精确称取铬黑 T（$C_{20}H_{12}N_3NaO_7S$）40 mg，以蒸馏水溶解定容至 100 mL。使用时取①液 40 mL 与铬黑 T 溶液 5.0 mL 混合。此混合液即为标准终点比色液，此液需在 4℃保存。

（6）液化型淀粉酶粉（即 α-淀粉酶粉）。

【器材】

反应板（白色），试管，恒温水浴锅，100 mL 烧杯，容量瓶，漏斗，玻璃棒，分析天平，移液器。

四、实验方法

1. 待测酶液的制备

精确称取酶粉 0.5 g，先用少量的 0.02 mol/L 磷酸氢二钠-柠檬酸缓冲溶液（pH 6.0）溶解，并用玻璃棒研磨。将上层液小心倾入 100 mL 容量瓶中，沉渣部分再加入少量上述缓冲液，如此反复研磨 3~4 次，最后全部转入容量瓶中，用缓冲液定容至刻度。摇匀，40℃浸取 30 min，然后通过四层纱布过滤，滤液供测试用。

2. 测定

取标准终点比色液 0.5 mL，滴于反应板其中一个空穴内，作为比较终点颜色的标准。在反应板其余空穴中滴加 0.5 mL 稀碘液。取 10 mL 20 g/L 可溶性淀粉和 2.5 mL 0.02 mol/L 磷酸氢二钠-

柠檬酸缓冲液（pH 6.0）置于试管中，在 60℃ 恒温水浴中预热 5 min，然后加入待测酶液 0.25 mL，立即记录时间。充分摇匀，每隔 20 s 用滴管从试管中取出反应液约 0.1 mL，滴于预先盛有稀碘液的反应板空穴内，当穴内呈色反应产物由紫色逐渐变为红棕色，直至与标准终点比色液的颜色相同时，即为反应终点，此时记录时间 T（min）。

五、实验结果

1. 淀粉酶活力计算：定义在 60℃、pH 6.0 的条件下，1 h 液化 1 g 可溶性淀粉的酶量为 1 个酶活力单位（U）。

$$酶活力（U/mL）= \frac{m_1}{\frac{T}{60} \times 0.25}$$

式中：T 为反应时间（min）；60 为 60 min；m_1 为可溶性淀粉的质量（g）；0.25 为吸取待测酶液的体积。

2. 淀粉酶比活力计算：定义每 mg 淀粉酶中所含的酶活力单位为酶的比活力。

$$酶比活力（U/mg）= \frac{酶活力}{酶质量}$$

本实验中制备的淀粉酶溶液每毫升含 5 mg 淀粉酶，所以计算时酶质量为 5 mg。

六、注意事项

1. 酶反应总时间应控制在 1～3 min 之间，否则应改变稀释倍数重新测定。
2. 本实验中，吸取 20 g/L 可溶性淀粉溶液及酶的量必须准确，否则误差较大。

七、实验后思考

1. 本实验中，为了使测得酶活力准确，哪些实验数据必须非常准确，为什么？
2. 在生产实际中，测定酶的活力和比活力有什么意义？
3. 分析测定误差产生的原因。

八、本实验术语

中文名	英文名
液化型淀粉酶	liquefying amylase
酶活力	activity
酶的比活力	specific activity
淀粉	starch
葡萄糖	glucose（Glu）
麦芽糖	maltose
碘	iodine
铬黑 T	eriochrome black T
磷酸氢二钠 – 柠檬酸缓冲液	disodium hydrogen phosphate citric acid buffer solution

网上更多学习资源……

◆教学课件　　◆自测题　　◆参考文献　　◆实验报告

实验 8　底物浓度对酶活性的影响——蔗糖酶米氏常数的测定

Effect of Substrate Concentration on Enzyme Activity
——Michaelis Constant Assay of Sucrase

一、目的要求

1. 了解酶促动力学研究的范围。
2. 以蔗糖酶为例，掌握测定米氏常数（K_m）的原理和方法。

二、实验原理

在酶促反应中，当反应体系的温度、pH 和酶浓度恒定时，反应初速度（v）则随底物浓度（S）的增加而加速，最后达到极限，称为最大反应速度（V）。Michaelis 和 Menten 根据反应速度与底物浓度的这种关系，推导出如下方程：

$$v = \frac{VS}{K_m + S}$$

此式称为米氏方程，式中 K_m 称为米氏常数，按此方程，可用作图法求出 K_m。方法如下。

1. 以 v 对 S 作图

由米氏方程可知，$v = V/2$ 时，$K_m = S$，即米氏常数值等于反应速度达到最大反应速度一半时所需底物浓度。因此，可测定一系列不同底物浓度的反应速度 v，以 v 对 S 作图。当 $v = V_{\max}/2$ 时，其相应底物浓度即为 K_m。

2. 以 $1/v$ 对 $1/S$ 作图

取米氏方程的倒数式：

$$\frac{1}{v} = \frac{K_m + S}{VS} = \frac{K_m}{VS} + \frac{S}{VS}$$

由米氏方程的倒数式可知：

$$\frac{1}{v} = \frac{K_m}{V} \cdot \frac{1}{S} + \frac{1}{V}$$

以 $1/v$ 对 $1/S$ 作图可得一直线，其斜率为 K_m/V，截距为 $1/V$。若以直线延长与横轴相交，则该交点在数值上等于 $-1/K_m$（图 8-1）。

本实验以蔗糖为底物，利用一定量蔗糖酶水解不同浓度蔗糖所形成的产物（葡萄糖和果糖）的

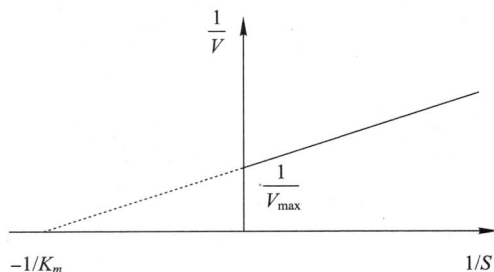

图 8-1　$1/v$ 对 $1/S$ 的关系

量来计算蔗糖酶的 K_m 值。葡萄糖能与 3,5- 二硝基水杨酸反应，生成橘红色化合物，可于 520 nm 处比色测定。

三、实验用品

【试剂】

（1）标准葡萄糖溶液：准确称取 100 mg 葡萄糖溶于少量饱和的苯甲酸溶液（3 g/L），再转移到 100 mL 容量瓶中，用饱和苯甲酸溶液稀释到刻度，混匀，即得质量浓度为 1 mg/mL 的标准葡萄糖溶液。冰箱贮藏可长期保存。

（2）0.1 mol/L 乙酸缓冲液（pH 4.5）：取 1 mol/L 乙酸钠溶液 43 mL 及 1 mol/L 乙酸溶液 57 mL，混合后稀释至 1000 mL 即得。

（3）100 g/L 蔗糖溶液（pH 4.5）：准确取 10 g 蔗糖溶于少量 0.1 mol/L 乙酸缓冲液（pH 4.5），转移到 100 mL 容量瓶中，用同样缓冲液稀释到刻度备用。

（4）3,5- 二硝基水杨酸反应液

溶液Ⅰ：45 g/L NaOH 溶液 300 mL，10 g/L 3,5- 二硝基水杨酸溶液 880 mL 及四水合酒石酸钾钠（$KNaC_4O_6 \cdot 4H_2O$）255 g，三者一起混合均匀。

溶液Ⅱ：取结晶酚 10 g 及 100 g/L NaOH 溶液 22 mL，加蒸馏水稀释成 100 mL，混匀。

溶液Ⅲ：取 6.9 g $NaHSO_3$ 溶于 64 mL 溶液Ⅱ中。

将溶液Ⅲ和溶液Ⅰ混合，激烈振摇混匀，即得 3,5- 二硝基水杨酸反应液，放置一周后备用。

（5）蔗糖酶溶液：称取鲜酵母 10 g 于研钵中，加少量石英砂及 10～15 mL 蒸馏水研磨。磨细后置冰箱中，过滤，滤液加 2～3 倍体积冷丙酮，混匀后离心，沉淀用丙酮洗两次，真空干燥得固体粉末状蔗糖酶，再溶于 100 mL 蒸馏水，即得蔗糖酶溶液。若有不溶物可用离心法除去。该蔗糖酶溶液活力以 6～12 单位为佳，蔗糖酶活力单位的定义为：在一定条件下反应 5 min，每产生 1 mg 葡萄糖所需要的酶量。

【器材】

研钵，分析天平，100 mL 容量瓶，离心机，试管，比色皿，恒温水浴锅，移液器（1.0 mL，2.0 mL，5 mL），秒表，721 型分光光度计。

四、实验方法

1. 标准曲线的绘制

（1）取干净试管 6 支，如下表所示添加试剂。

试剂 \ 试管编号	0	1	2	3	4	5
标准葡萄糖溶液 /mL	0	0.2	0.4	0.6	0.8	1.0
蒸馏水 /mL	2.0	1.8	1.6	1.4	1.2	1.0
3,5 二硝基水杨酸反应液 /mL	3.0	3.0	3.0	3.0	3.0	3.0

（2）加毕混匀，置沸水浴中准确反应 5 min，取出用自来水冷却 3 min，稀释至 25 mL，混匀后以零号管调零点，于 520 nm 处测定吸光度（A_{520}）。以葡萄糖质量为横坐标，以吸光度为纵坐标绘制标准曲线。

2. 根据酶活力选择酶浓度

（1）将 100 g/L 蔗糖溶液稀释成 pH 4.5 的 65 g/L 蔗糖溶液，取此溶液 5 mL 于试管中，共加两试管。将两试管同时置于 25℃水浴中保温 5 min，然后向试管中加入蔗糖酶溶液 1.0 mL，立即混匀，同时用秒表计时。准确反应 5 min 后，立即加入 5 mL 0.1 mol/L NaOH 溶液以终止酶反应。另取一试管先加入 5.0 mL 0.1 mol/L NaOH 溶液，再加入蔗糖酶溶液 1.0 mL（此为对照管）。

（2）取干净试管 3 支，第 1、2 管分别加入上述反应液各 1.0 mL 及蒸馏水各 1.0 mL，第 3 管加蒸馏水 2.0 mL，然后各管均加 3.0 mL 3,5- 二硝基水杨酸反应液。置沸水浴中准确反应 5 min，取出后经自来水冷却 3 min，加水至 25 mL，混匀，以第 3 管调零点，于 520 nm 处测吸光度。以测定管的吸光度减去对照管吸光度，求得的差值从标准曲线上查得相应的葡萄糖含量，并乘以 11，即为每 1 mL 酶溶液的活力。测定管中的葡萄糖含量以在 0.4 mg ~ 1.6 mg 之间为佳，过高或过低均应适当改变蔗糖酶溶液的浓度或反应液用量后再测。

3. 底物浓度对酶促反应速度的影响——米氏常数的测定

（1）取试管 7 支，按下表所示加入试剂。

试剂 \ 试管编号	1	2	3	4	5	6	7
100 g/L 蔗糖溶液（pH 4.5）/mL	0.5	1.0	1.5	2.0	2.5	3.75	5.0
0.1 mol/L 乙酸缓冲液（pH 4.5）/mL	4.5	4.0	3.5	3.0	2.5	1.25	0
20℃或25℃保温 5 min							
酵母蔗糖酶溶液 /mL	1.0	1.0	1.0	1.0	1.0	1.0	1.0
20℃或25℃准确反应 5 min							
0.4 mol/L NaOH 溶液 /mL	5.0	5.0	5.0	5.0	5.0	5.0	5.0

（2）当加完蔗糖溶液及乙酸缓冲液（pH 4.5）后，均置于 20℃或25℃保温 5 min，再分别依次向各管加入蔗糖酶溶液 1.0 mL，立即摇匀，记录时间。准确反应 5 min，再加入 0.4 mol/L 的 NaOH 溶液，立即摇匀以终止反应。

（3）测定管处理：取 8 支干净试管，前 7 支分别加入相应的上述反应液各 1.0 mL 及蒸馏水各 1.0 mL，第 8 支试管加入 2.0 mL 蒸馏水作空白对照，然后各管均加入 3.0 mL 二硝基水杨酸反应液，沸水浴 5 min。取出用自来水冷却 3 min，稀释到 25 mL，混匀，测定并记录 520 nm 处的吸光度。

五、实验结果

根据各测定管的吸光度，从标准曲线上查出相应的葡萄糖质量（以在 0.4 mg ~ 1.6 mg 范围内为佳，否则应调整反应液用量后重新测定），再乘以 11，即得各管的葡萄糖产量，然后分别计算各反应管相应的 S、$1/S$、v 及 $1/v$，并作出 v-S 及 $1/v$-$1/S$ 曲线。再根据所绘制的两种动力学曲线，分别求出酵母蔗糖酶的 K_m 值，并加以比较。将实验数据填入下表。

结果	1	2	3	4	5	6	7
A_{520}							
葡萄糖产量 /mg							
v = 葡萄糖产量 ×11							
$S = \dfrac{10\% \times V \times 1\,000}{6 \times 342}$							

续表

结果	1	2	3	4	5	6	7
$1/S$							
$1/v$							

注：反应初速度（v）计算公式中，11 为试管 1~7 中的反应总体积。底物浓度（S）的计算公式中，10% 为蔗糖酶溶液浓度；6 为酶促反应体系（测定管）的总体积（mL）；342 为蔗糖分子量

六、注意事项

1. 酶和底物应预先分别保温数分钟。

2. 反应时间 5 min 应绝对准确。

七、实验后思考

1. K_m 值的物理意义是什么？为什么要用酶促反应的初速度计算 K_m 值？

2. 本实验的操作关键是什么？为什么？

八、本实验术语

中文名	英文名
蔗糖酶	sucrase
米氏常数	Michaelis constant（K_m）
米氏方程	Michaelis–Menten equation
底物	substrate
酶促反应动力学	enzymatic reaction kinetics
蔗糖	sucrose
葡萄糖	glucose（Glu）
果糖	fructose（Fru）
乙酸缓冲液	acetate buffer
3,5- 二硝基水杨酸	3,5-dinitrosalicylic acid

网上更多学习资源……

◆教学课件　　◆自测题　　◆参考文献　　◆实验报告

第四部分

维生素

Vitamin

实验 9 维生素 C 的提取和含量测定

Extraction and Determination of Vitamin C

一、目的要求

了解并掌握用 2,6- 二氯酚靛酚法测定维生素 C 的原理和方法。

二、实验原理

维生素 C 是最重要的维生素之一。如果人类（包括部分高等灵长类动物和豚鼠）的食物缺乏维生素 C，就会引起坏血病。维生素 C 又称为抗坏血酸，在自然界中广泛分布，植物的绿色部分、许多水果（橘子、苹果、枣、山楂、草莓、猕猴桃等）和蔬菜（黄瓜、卷心菜、西红柿、豆芽、辣椒等）中维生素 C 含量丰富。

维生素 C 对人体新陈代谢的调节很重要。它参与氧化还原反应，是某些氧化还原酶的辅酶，维生素 C 能保护多种含 –SH 基团的酶在体内不被氧化。维生素 C 在体内可以促进胶原和糖胺聚糖的合成，也可以增加毛细血管的密度，降低毛细血管的通透性和脆性。维生素 C 还能使氧化型谷胱甘肽转化为还原型谷胱甘肽，谷胱甘肽能与重金属结合排出体外，因此维生素 C 常用于重金属解毒。

维生素 C 是一种酸性己糖衍生物和一种不饱和内酯化合物（烯醇式己糖酸内酯化合物），它的三维结构类似于糖，有 D 型和 L 型两种构型，但只有 L 型具有生理作用，可发生氧化和还原反应，氧化型和还原型都具有生物活性。烯醇羟基的氢在 C_2 和 C_3 之间很容易解离和释放，所以维生素 C 仍具有有机酸的性质。

维生素 C 是一种微酸的白色晶体。维生素 C 溶于水，不溶于有机溶剂，是一种还原剂。它在酸性溶液中比在中性和碱性溶液中稳定，它很容易被热、光和一些金属离子破坏。维生素 C 具有很强的还原性，铜金属和酶（抗坏血酸氧化酶）催化维生素 C 在氧化反应中脱氢。能被弱氧化剂如红色的 2,6- 二氯酚靛酚氧化生成脱氢抗坏血酸和无色的还原型 2,6- 二氯酚靛酚，该反应可用于维生素 C 的测定。

维生素 C 的测定方法多种多样，有 2,6- 二氯酚靛酚法、2,4- 二硝基苯肼法、Folin 试剂比色法和紫外吸收法，广泛使用的是 2,6- 二氯酚靛酚法，其缺点是不能直接测定样品中的脱氢抗坏血酸和组合抗坏血酸；易受到其他还原性物质的干扰；如果样品中含有色素，则很难观察滴定终点。

本实验采用 2,6- 二氯酚靛酚法。以新鲜水果和蔬菜为实验材料，测定其维生素 C 的含量。维生素 C 能还原 2,6- 二氯酚靛酚，2,6- 二氯酚靛酚在酸性溶液中呈粉红色，但还原后变成无色。因此，当使用此染料滴定含有维生素 C 且维生素 C 未被全部氧化的酸性溶液时，溶液是无色的。一旦溶液中的维生素 C 全部被氧化，溶液立即变成粉红色，此时为滴定的终点。没有其他杂质干扰的情况下，样品中染料的标准量与样品中维生素 C 的量成正比，这种方法可用于测定维生素 C 的还原量。采用 2,4- 二硝基苯肼法和荧光分光光度法可测定总维生素 C 的含量。2,6- 二氯酚靛酚滴定反应方程式如图 9–1 所示。

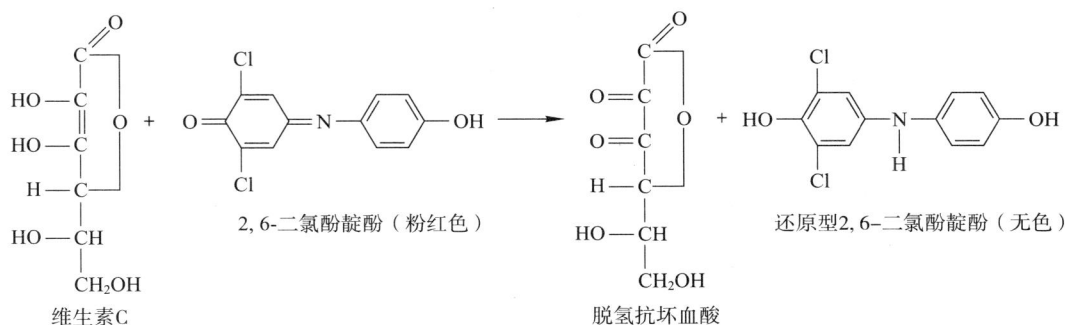

图 9-1 2,6 - 二氯酚靛酚法反应方程式

三、实验用品

【材料】

水果（如橘子），蔬菜（如青椒）。

【试剂】

（1）0.1 mg/mL 标准维生素 C 溶液：准确称取维生素 C 10 mg，用 10 g/L 草酸溶液溶解并定容至 100 mL，贮存在棕色瓶中，冷藏，最好现配现用；

（2）20 g/L 草酸：称取 2 g 草酸溶于 100 mL 蒸馏水中。

（3）10 g/L 草酸：称取 1 g 草酸溶于 100 mL 蒸馏水中。

（4）1 g/L 2,6- 二氯酚靛酚溶液：称取 500 mg 2,6- 二氯酚靛酚溶于 300 ml 含有 104 mg $NaHCO_3$ 热蒸馏水中，冷却后加蒸馏水稀释至 500 mL，滤去不溶物，贮存于棕色瓶内，冷藏（4℃下约可保存一星期）。每次临用时，以标准维生素 C 标定。

【器材】

离心机，锥形瓶，组织捣碎机，移液器，漏斗，过滤器，微量滴定管（5 mL 或 10 mL），容量瓶，分析天平。

四、实验方法

1. 样品提取

将整个新鲜青椒或橘子清洗干净，用纱布或吸水纸吸干其表面水分。然后称 30 g 青椒或 10 g 橘子，加入等体积 20 g/L 的草酸，迅速用组织捣碎机磨成浆状。放置片刻，然后将提取液移入 50 mL 容量瓶中，用 20 g/L 草酸使溶液定容至 50 mL。搅拌后静置 10 min，5 000 r/min 离心 5 min，取上清液备用。

2. 标准液滴定

准确吸取 1 mL 标准维生素 C 溶液于锥形瓶中，加入 9 mL 10 g/L 草酸混合。立即用标定过的 1 g/L 2,6- 二氯酚靛酚溶液滴定，当溶液呈现粉红色，15 s 不褪色，滴定结束。另取一清洁干燥锥形瓶加入 10 g/L 草酸 10 mL 为空白对照。用两瓶滴定所用染料的体积差计算 1 mL 染料能氧化维生素 C 的质量。

3. 样品测定

准确吸取样品滤液两份，每份 10 mL，分别放入 2 个锥形瓶内，滴定方法同前。另取 10 mL 10 g/L 草酸作空白对照滴定。

五、实验结果

$$维生素 C 含量（mg/100 g 样品）= \frac{(V_1-V_2) \times V_3 \times m_1 \times 100}{V_4 \times m_2}$$

式中：V_1 为滴定样品所耗用的染料的平均体积（mL）；V_2 为滴定空白对照所耗用的染料的平均体积（mL）；V_3 为样品提取液的总体积（mL）；D 为滴定时所取的样品提取液体积（mL）；m_1 为 1 mL 染料能氧化维生素 C 的质量（mg）；m_2 为待测样品的质量（g）。

六、注意事项

1. 在滴定前先用水检查滴定管是否漏液。
2. 整个操作过程要迅速，防止维生素 C 被氧化。
3. 滴定过程一般不能超过 2 min。

七、实验后思考

1. 为什么维生素 C 标准溶液要用新鲜配制的？
2. 为准确测得维生素 C 的含量，实验时要注意哪些操作步骤？

八、本实验术语

中文名	英文名
维生素	vitamin
维生素 C	vitamin C
坏血病	scurvy
氧化还原反应	redox reaction
辅酶	coenzyme
胶原	collagen
糖胺聚糖	glycosaminoglycan
免疫球蛋白	immunoglobulin
2,6- 二氯酚靛酚	2,6-dichlorophenol indophenol titration
2,4- 二硝基苯肼	2,4-dinitrophenyl hydrazine
草酸	oxalic acid
滴定	titration

实验 10　维生素的定性鉴定——维生素 A、B₁ 和 B₂

Qualitative Identification of Vitamins——Vitamin A, B₁ and B₂

一、目的要求

1. 了解维生素 A、B₁、B₂ 的性质。

2. 了解并学会维生素 A、B₁、B₂ 定性鉴定的原理和方法。

二、实验原理

维生素可分为脂溶性和水溶性两类，有较特异的呈色反应，可利用呈色反应定性鉴定某些维生素。

维生素 A 主要来自动物性食物，以动物的肝、乳制品及鱼肝油中含量最多，属于脂溶性维生素。维生素 A 及其前体 β- 胡萝卜素都能在低温下与三氯化锑（$SbCl_3$）发生缓慢消退的蓝色反应，此反应常用于维生素 A 的定性鉴定。

维生素 B₁ 属水溶性维生素，因含有硫及氨基，又名硫胺素，在植物性食物中分布极广，谷物种子表皮中含量更为丰富，麦麸、米糠和酵母均是维生素 B₁ 的良好来源。维生素 B₁ 早期采用重氮试剂法定性鉴定，即在有 $NaHCO_3$ 存在时，与重氮试剂作用呈红色，加入少量甲醛可使红色稳定；此法操作简单、迅速，但反应不灵敏，且特异性也很低。目前采用荧光法，即在有 NaOH 存在时，维生素 B₁ 经铁氰化钾定量地氧化成带有深蓝色荧光的硫色素，此法灵敏性、特异性都很高。

维生素 B₂ 又名核黄素，其水溶液及乙醇溶液呈黄色并具有强荧光，亚硫酸盐可将其还原成无色二氢化物，在空气中又被重新氧化，恢复荧光。

三、实验用品

【材料】

鱼肝油及米糠。

【试剂】

（1）精馏氯仿：用蒸馏水洗净市售氯仿 2～3 次，加一些煅烧过的 K_2CO_3 或无水 Na_2SO_4 进行干燥，并在暗色玻璃烧瓶中蒸馏，取 61～62℃部分。

（2）饱和 $SbCl_3$- 氯仿溶液：以少量精馏氯仿反复洗涤 $SbCl_3$，直到氯仿不再呈色为止。放在干燥器内，用硫酸干燥。用干燥的 $SbCl_3$ 和精馏氯仿配制饱和溶液。

（3）$NaHCO_3$ 碱性溶液：2.0 g NaOH 溶于 60 mL 蒸馏水中，加 2.88 g $NaHCO_3$，混匀后，用水稀释至 100 mL。

（4）重氮试剂：试剂 A：$NaNO_2$ 0.5 g 溶解于蒸馏水中，定容至 100 mL，用前新鲜配制。试剂 B：β- 氨基苯磺酸 0.5 g 溶解于 0.5 mL 浓盐酸中，以蒸馏水定容至 100 mL。需用时，将试剂 A 和试剂 B 按 1∶50 比例混匀即可使用。

（5）乙酸酐，0.05 mol/L 硫酸，2 g/L 维生素 B₁ 溶液，30 μg/mL 维生素 B₂ 溶液，10 g/L 铁氰化钾溶液，异丁醇，300 g/L NaOH 溶液，25 g/L $NaHSO_3$ 溶液（20 g/L Na_2CO_3 溶液作溶剂）。

【器材】

试管，试管架，吸量管（1 mL，2 mL），滴定管（5 mL），量筒（10 mL），滴管，分析天平，滤纸，漏斗。

四、实验方法

1. 维生素 A 的鉴定

取 1~2 滴鱼肝油，放入洁净、干燥试管中，加氯仿 0.5 mL 和乙酸酐 1~2 滴（乙酸酐可除去微量吸入的水分；微量水分可使 $SbCl_3$ 形成氯氧化锑，从而不再与维生素 A 反应，并出现混浊）。摇匀后，用滴定管添加饱和 $SbCl_3$– 氯仿溶液 1~2 mL，再摇匀。注意观察其颜色变化。

2. 维生素 B_1 的鉴定（重氮试剂法）

取米糠 1 g，置试管中，加入 5 mL 0.05 mol/L H_2SO_4 溶液并用力振荡，以提取维生素 B_1。放置 10 min 后，用滤纸过滤。取滤液 1 mL，加入 $NaHCO_3$ 碱性溶液 1.5 mL 及重氮试剂 1 mL，摇匀后，在 10 min 内观察深红色的出现。

3. 维生素 B_1 的鉴定（荧光法）

取 2 g/L 维生素 B_1 溶液 1~2 mL，加入 10 g/L 铁氰化钾溶液 2 mL 及 300 g/L NaOH 溶液 1 mL，充分混匀后，再加入 2 mL 异丁醇，充分振荡，待两液相分开后，观察上层异丁醇溶液中的蓝色荧光。

4. 维生素 B_2 的鉴定

取 2 支试管，各加入 30 μg/mL 维生素 B_2 溶液 1 mL，观察其黄绿色荧光。在其中一支试管中加入 5~10 滴 25 g/L $NaHSO_3$ 溶液，比较两支试管的荧光。充分摇匀后，再随时比较两管荧光（最好在紫外线灯下观察）。

五、实验结果

观察实验现象并记录结果，分析测定的物质（鱼肝油、米糠等）中是否含有维生素 A、B_1、B_2。

六、注意事项

1. 为防止反应形成的蓝色过快褪色，可将饱和 $SbCl_3$ – 氯仿溶液在冰水中预冷。

2. 所使用的试剂和器材必须绝对干燥，以免 $SbCl_3$ 水解而影响实验效果。

3. $SbCl_3$ 低毒，具有腐蚀性，100℃在空气中升华发烟，需在通风橱中操作。凡接触过 $SbCl_3$ 的玻璃器皿先用 10% 盐酸洗涤后，再用水冲洗。

七、实验后思考

1. 举出维生素 A、B_1 和 B_2 含量最丰富的天然食物。

2. 呈色反应鉴定维生素 A 实验的重要环节是什么？

3. 维生素 B_1 的荧光反应为什么要在碱性条件下进行？

4. 上述 4 种定性鉴定方法可否用于定量测定？若可，该如何实施？

八、本实验术语

中文名	英文名
维生素	vitamin
维生素 A	vitamin A
维生素 B_1	vitamin B_1
维生素 B_2	vitamin B_2

续表

中文名	英文名
三氯化锑	antimony trichloride
铁氰化钾	potassium ferricyanide
氯仿	chloroform
乙酸酐	acetic anhydride
β- 氨基苯磺酸	β-aminobenzenesulfonic acid
异丁醇	isobutanol
鱼肝油	cod-liver oil
米糠	rice bran
荧光	fluorescence

第五部分

糖类
Carbohydrate

实验 11　枸杞多糖的提取和含量测定

Extraction and Content Determination of Lycium Barbarum Polysaccharide (LBP)

一、目的要求

1. 掌握多糖提取的原理和方法。
2. 掌握多糖含量测定的原理及方法。

二、实验原理

1. 不同种类多糖提取的区别

生物活性多糖主要有微生物多糖、植物多糖、动物多糖等。在提取多糖之前，需要根据多糖的存在形式及提取部位，来决定是否需做预处理。动物多糖和微生物多糖多有脂质包裹，一般提取时需要加入丙酮、乙醚、乙醇或是乙酸乙酯的混合溶液进行脱脂，便于释放多糖。植物多糖提取时应该注意一些含脂质较高的部位（如根、茎、叶、花、果及种子），在提取前应先用低极性的有机溶剂对原料进行脱脂预处理。

（1）易溶于水的多糖提取：水提取多糖大多是中性多糖。用水作溶剂来提取多糖时，可用热水浸煮提取，也可用冷水浸提。

（2）结合多糖的提取：结合多糖主要指黏多糖。以新鲜组织或经丙酮脱水的组织为原料，可用水或盐溶液提取部分多糖。但是大多数黏多糖是与蛋白质结合的，需要用酶降解蛋白质部分，或用碱处理使多糖和蛋白质之间的糖肽键断裂，以促进黏多糖在提取时的溶解。提取液中存在的蛋白质可用普通蛋白质沉淀剂沉淀。

2. 多糖的浓缩

多糖提取液一般浓度较低，需进行浓缩。浓缩的方法可根据多糖性质确定，如对热比较稳定的多糖，可用加热蒸发或减压蒸发法；对于分子量大的多糖可用超滤法。向多糖溶液中加入一定量的与水混溶的有机溶剂（如乙醇）可得到粗多糖的沉淀物。

3. 多糖中蛋白质的去除

Sevag 法是自多糖中去除蛋白质最缓和的方法，原理是利用蛋白质变性沉淀而多糖不沉淀，从而除去蛋白质。将样品提取液与 Sevag 试剂按照 5∶1 的比例混合，剧烈振荡后离心除去变性的蛋白质。

4. 蒽酮比色法测定多糖含量

糖类在较高温度下经硫酸处理后脱水生成糠醛或羟甲基糠醛，再与蒽酮（$C_{14}H_{10}O$）反应生成蓝绿色产物，该产物在 620 nm 处有最大吸收，在 ≤150 μg/mL 范围内，其颜色深浅与可溶性糖含量成正比。此方法有很高的灵敏度，糖类含量在 30 μg 左右就可测出，所以可用来进行微量糖类含量的测定。一般样品较少的情况下，采用本法比较合适。

三、实验用品

【材料】

干燥枸杞子

【试剂】

1 mg/mL 标准葡萄糖溶液，蒽酮试剂，浓硫酸，95% 乙醇溶液，无水乙醇，三氯甲烷 – 正丁醇溶液（体积比为 4∶1），蒸馏水。

【器材】

分析天平，托盘天平，离心机，恒温水浴锅，电炉，漩涡振荡仪，真空烘箱，分光光度计，比色皿，量筒，烧杯（100 mL、800 mL），离心管，分液漏斗，50 mL 容量瓶，玻璃棒，加盖试管。

四、实验方法

1. 枸杞多糖的提取

（1）称取 20 g 干燥枸杞子，粉碎后放入 800 mL 烧杯中，加 500 mL 蒸馏水，热水浴提取 2 h。

（2）过滤，加入 1/4 体积的三氯甲烷 – 正丁醇溶液，剧烈振荡 15 min，3 000 r/min 离心 25 min，弃去中间变性蛋白和氯仿层，留用上清液。

（3）上清液于 80 ℃ 水浴搅拌浓缩至 50 mL，获得浓缩液。

（4）边搅拌边将浓缩液加入 3 倍体积的 95% 乙醇中，室温静置 1 h 左右，3 000 r/min 离心 10 min，取下层沉淀。

（5）沉淀用 95% 乙醇溶液洗涤，3 000 r/min 离心 10 min。

（6）用无水乙醇洗涤沉淀，3 000 r/min 离心 10 min，真空干燥，得枸杞多糖粗品。

2. 蒽酮比色法测定多糖含量

（1）标准曲线的绘制：取干燥试管 6 支并编号，按下表添加试剂并执行操作。

试管编号	1	2	3	4	5	6
1 mg/mL 标准葡萄糖溶液 /mL	0	0.1	0.2	0.3	0.4	0.5
蒸馏水 /mL	1	0.9	0.8	0.7	0.6	0.5
冰浴 5 min						
蒽酮试剂 /mL	4	4	4	4	4	4
准确煮沸 10 min，自来水冷却，室温放置 10 min						

（2）调节波长为 620 nm，以 1 号试管为空白对照，迅速测定吸光度，以葡萄糖含量（mg）为横坐标，吸光度为纵坐标，绘制标准曲线。

（3）枸杞多糖的含量测定：精密称取 20 mg 枸杞多糖粗品，溶于 50 mL 蒸馏水中，制成样品溶液。按下表操作，分别吸取 0.5 mL，1 mL 样品溶液至试管中，加蒸馏水至总体积为 1 mL。冰浴 5 min，再加入 4 mL 蒽酮试剂，沸水浴中煮沸 10 min，取出后自来水冷却，其他条件与作标准曲线相同。测得吸光度后，通过标准曲线查出样品液的糖含量。

试管编号	1	2
样品溶液 /mL	0.5	1.0
蒸馏水 /mL	0.5	0
冰浴 5 min		
蒽酮试剂 /mL	4	4
煮沸 10 min，自来水冷却，室温放置 10 min，测定 620 nm 处的吸光度		
A_{620}		

五、实验结果

观察实验结果并解释实验现象。

六、注意事项

1. 蒽酮比色法的特点是几乎可以测定所有的碳水化合物，所以此法测出的碳水化合物的含量，实际上是溶液中可溶性碳水化合物的总含量。不同的糖类与蒽酮试剂显色的深度不同，果糖最深，葡萄糖、半乳糖、甘露糖和五碳糖依次降低，因此测定糖的混合物时，常因不同糖类的比例不同造成误差，测定单一糖类则可以避免此类误差。

2. 提取枸杞多糖时，一定要注意沉淀枸杞多糖的乙醇用量，切不可因加入无水乙醇而忽视乙醇浓度的降低，从而导致提取的枸杞多糖含量降低。

3. 定量测定枸杞多糖含量时，一定要注意葡萄糖标准溶液以及样品的用量，否则会造成较大误差，标准曲线的绘制时要用线性回归拟合。

4. 在 620 nm 波长下测定吸光度，要用酶标仪校准。

5. 三氯甲烷和正丁醇易挥发，需在通风橱内操作。

七、实验后思考

1. 如果用蒽酮比色法测定不同糖类，其显色是否会有差异？为什么？

2. 本实验中，吸取蒽酮试剂时，应注意哪些方面？

3. 三氯甲烷 – 正丁醇溶液的作用是什么？

八、本实验术语

中文名	英文名
多糖	polysaccharide
枸杞多糖	lycium burbarum polysaccharide（LBP）
脱脂	degrease
蛋白质变性	protein denaturation
硫酸	sulfuric acid
糠醛	furfural
蒽酮	anthrone
葡萄糖	glucose
三氯甲烷	trichloromethane
正丁醇	butyl alcohol

实验 12　土豆粉中还原糖与总糖的提取和含量测定

Extraction and Content Determination of Reducing Sugar and Total Sugar in Potato Flour

▶ ## 12-1　土豆粉中还原糖的提取和含量测定

Extraction and Content Determination of Reducing Sugar in Potato Flour

一、目的要求

1. 掌握还原糖提取和含量测定的基本原理。
2. 学习用 3,5- 二硝基水杨酸比色法测定样品中还原糖的操作方法。
3. 学习正确使用 721 型分光光度计。

二、实验原理

单糖都是还原糖（含有游离醛基或酮基的糖类），大部分双糖也是还原糖，寡糖和多糖一般不具有还原性。提取土豆粉中的还原糖是根据还原糖溶于水的特征，在 50℃下将还原糖从土豆粉中溶解。还原糖的测定是糖定量测定的基本方法。还原糖与 3,5- 二硝基水杨酸在碱性条件下共热，前者能使后者还原成棕红色的氨基化合物 3- 氨基 -5- 硝基水杨酸（图 12-1），在过量的氢氧化钠溶液中此化合物呈橘红色，在 540 nm 波长处有最大吸光度。在一定范围内，还原糖的含量与吸光度呈线性关系，利用比色法可测定样品中的还原糖含量。

图 12-1　还原糖与 3,5- 二硝基水杨酸的反应过程

三、实验用品

【材料】

土豆粉。

【试剂】

（1）1 mg/mL 标准葡萄糖溶液：精确称取 80℃烘至恒重的葡萄糖 100 mg，加少量蒸馏水溶解后再用蒸馏水定容至 100 mL，4℃冰箱中保存备用。

（2）3,5- 二硝基水杨酸（DNS）试剂：6.3 g DNS 和 262 mL 2 mol/L 氢氧化钠溶液，加到 500 mL 含有 182 g 酒石酸钾的热水溶液中，再加 5 g 重馏酚和 5 g 亚硫酸钠，搅拌溶解。冷却后以蒸馏水定容到 1 000 mL，贮于棕色瓶中。

（3）蒸馏水。

【器材】

容量瓶（100 mL），玻璃漏斗（6 cm），试管（20 mL），移液器（0.5 mL，10 mL），三角瓶

（100 mL），721型分光光度计，恒温水浴锅，比色皿。

四、实验方法

1. 不同浓度的葡萄糖溶液的配制

分别取6支试管，按下表加入1 mg/mL标准葡萄糖溶液和蒸馏水，配制终浓度0.1～1 mg/mL的葡萄糖溶液。

试管编号	1 mg/mL标准葡萄糖溶液/mL	蒸馏水/mL	葡萄糖最终浓度/（mg·mL^{-1}）
1	1	9	0.1
2	2	8	0.2
3	4	6	0.4
4	6	4	0.6
5	8	2	0.8
6	10	0	1.0

2. 葡萄糖标准曲线的制作

取6支干净的试管，分别加入上述配制好的0.1 mg/mL、0.2 mg/mL、0.4 mg/mL、0.6 mg/mL、0.8 mg/mL、1.0 mg/mL葡萄糖溶液0.5 mL和DNS试剂0.5 mL，混合均匀，于沸水浴中加热5 min。取出后用流动水迅速冷却。每管各加入蒸馏水4.0 mL稀释，摇匀，在721型分光光度计上540 nm波长处测定吸光度（A_{540}）。另取一干净的试管作空白对照，即用蒸馏水代替葡萄糖，其他试剂相同，在测定吸光度时作空白调零。以葡萄糖含量（mg）为横坐标，吸光度为纵坐标，绘制标准曲线。

3. 样品中还原糖的提取

准确称取1.0 g土豆粉放入100 mL三角瓶中，先以少量蒸馏水调成糊状，然后再加入50～60 mL蒸馏水，混匀后于50℃恒温水浴中保温20 min，不时搅拌，使还原糖浸出。过滤，滤液在容量瓶中定容到100 mL，即为还原糖提取液。

4. 样品中还原糖含量的测定

取4支试管，分别按下表加入试剂，加完试剂后于沸水浴中加热5 min进行显色。取出后用流动水迅速冷却，各加入蒸馏水4.0 mL，摇匀，在540 nm波长处测定吸光度（A_{540}）。测定后，取样品的吸光度平均值，在标准曲线上查出相应的还原糖含量。

试管编号	1	2	3	4
还原糖提取液/mL	—	0.5	0.5	0.5
蒸馏水/mL	0.5	—	—	—
3,5-二硝基水杨酸/mL	0.5	0.5	0.5	0.5

五、实验结果

1. 使用Microsoft Excel软件绘制标准曲线，并求出线性方程。

2. 以表格形式列出实验数据，取样品的A_{540}平均值用线性方程求出相应的还原糖含量，并用下式求出土豆粉内还原糖含量。

$$还原糖含量（\%）= \frac{m_1 \times N \times 100}{m_2 \times 0.5}$$

式中：m_1为标准曲线上查到的还原糖质量（mg）；N为样品稀释倍数；m_2为样品质量（mg）。

六、注意事项

1. 测定吸光度时要设置空白对照。
2. 测定样品中还原糖含量时需要设置几个重复，取其平均值，减少误差的影响。
3. 标准曲线制作与样品含糖量测定应同时进行，一起显色和比色。

七、实验后思考

1. 土豆粉中主要含有何种糖？
2. 在提取还原糖时，其他杂质是否会影响到测定？

八、本实验术语

中文名	英文名
3,5- 二硝基水杨酸	3,5-dinitrosalicylic acid（DNS）
还原糖	reducing sugar
土豆粉	potato flour
葡萄糖	glucose
酒石酸钾	potassium tartrate
重馏酚	bisphenol
亚硫酸钠	sodium sulfite
吸光度	absorption（Abs，A）
分光光度计	spectrophotometer
比色皿	cuvette
标准曲线	standard curve

▶ 12-2　土豆粉中总糖的提取和含量测定

Extraction and Contents Determination of Total Sugar in Potato Flour

一、目的要求

1. 掌握总糖提取和测定的基本原理。
2. 学习用 3,5 – 二硝基水杨酸比色法测定样品中单糖的操作方法。
3. 学习正确使用 721 型分光光度计。

二、实验原理

总糖包括单糖、双糖、寡糖和多糖。一般单糖和双糖是溶于水的，而寡糖和多糖则难溶于水。要将土豆粉中的总糖提取出来，可用酸水解的方法将总糖中的双糖、寡糖和多糖彻底水解成具有还原性的单糖，再求出样品中还原糖的含量（还原糖以葡萄糖含量计）。还原糖与 3,5- 二硝基水杨酸在碱性条件下共热，前者能使后者还原成棕红色的氨基化合物 3- 氨基 -5- 硝基水杨酸（原理见实验 12-1）。由于多糖水解为单糖时，每断裂一个糖苷键需加入一分子水，所以在计算多糖含量时应乘以 0.9。

三、实验用品

【材料】

土豆粉

【试剂】

（1）1 mg/mL 标准葡萄糖溶液：同实验 12-1。

（2）3,5- 二硝基水杨酸（DNS）试剂：同实验 12-1。

（3）6 mol/L HCl 溶液：取 250 mL 浓 HCl（35% ~ 38%），用蒸馏水稀释到 500 mL。

（4）6 mol/L NaOH 溶液：称取 120 g NaOH 溶于 500 mL 蒸馏水中。

（5）蒸馏水。

【器材】

容量瓶（100 mL），玻璃漏斗（6 cm），试管（20 mL），移液器（0.5 mL，10 mL），三角瓶（100 mL），721 型分光光度计，比色皿，电热恒温水浴箱，pH 试纸。

四、实验方法

1. 不同浓度的葡萄糖溶液的配制

分别取 6 支试管，按下表加入 1 mg/mL 标准葡萄糖溶液和蒸馏水，配制终浓度从 0.1 mg/mL 到 1.0 mg/mL 的葡萄糖溶液。

试管编号	1 mg/mL 标准葡萄糖溶液 /mL	蒸馏水 /mL	葡萄糖最终浓度 /（mg·mL^{-1}）
1	1	9	0.1
2	2	8	0.2
3	4	6	0.4
4	6	4	0.6
5	8	2	0.8
6	10	0	1.0

2. 葡萄糖标准曲线的制作

取 6 支干净的试管，分别加入上述配制好的 0.1 mg/mL、0.2 mg/mL、0.4 mg/mL、0.6 mg/mL、0.8 mg/mL、1.0 mg/mL 葡萄糖溶液 0.5 mL 和 DNS 试剂 0.5 mL，混合均匀，于沸水浴中加热 5 min。取出后用流动水迅速冷却，每管再各加入蒸馏水 4.0 mL 稀释，摇匀，在 721 型分光光度计上于 540 nm 波长处测定吸光度（A_{540}）。另取一干净的试管作空白对照，即用蒸馏水代替葡萄糖，其他试剂相同，在测定吸光度时作空白调零。以葡萄糖含量（mg）为横坐标，吸光度为纵坐标，绘制标准曲线。

3. 样品总糖的水解及提取

准确称取 0.5 g 土豆粉，放在 100 mL 三角瓶中，加入 6 mol/L HCl 10 mL，蒸馏水 15 mL，在沸水浴中加热水解 0.5 h。冷却后以 6 mol/L NaOH 溶液中和，调节 pH 至中性（以 pH 试纸检查）。过滤溶液，在容量瓶中定容到 100 mL。再吸取上述溶液 10 mL 于 100 mL 容量瓶中，定容至刻度，即为稀释 1 000 倍的总糖水解液，用于总糖测定。

4. 样品中还原糖含量的测定

取 4 支试管，分别按下表加入试剂，加完试剂后于沸水浴中加热 5 min 进行显色，取出后用流动水迅速冷却，各加入蒸馏水 4.0 mL，摇匀，于 540 nm 波长处测定吸光度（A_{540}）。测定后，取样品的吸光度平均值在标准曲线上查出相应的还原糖含量。

试管编号	1	2	3	4
总糖水解液 /mL	—	0.5	0.5	0.5
蒸馏水 /mL	0.5	—	—	—
3,5-二硝基水杨酸（DNS）/mL	0.5	0.5	0.5	0.5

五、实验结果

1. 使用 Microsoft Excel 软件绘制葡萄糖标准曲线，并求出线性方程。

2. 以表格形式列出实验数据，取样品的 A_{540} 平均值用线性方程求出相应的还原糖含量，并用下式求出土豆粉内总糖含量。

$$总糖含量（\%）= \frac{m_1 \times N \times 100 \times 0.9}{m_2 \times 0.5}$$

式中：m_1 为标准曲线上查到的还原糖质量（mg）；N 为样品稀释倍数；m_2 为样品质量（mg）。

六、注意事项

1. 比色时要设计空白对照管。

2. 测定样品中总糖含量时需要设计几个重复，取其平均值，减少误差的影响。

3. 标准曲线绘制与样品含糖量测定应同时进行，一起显色和比色。

七、实验后思考

1. 总糖包括哪些化合物？

2. 在提取糖时，其他杂质是否会影响到总糖测定？

八、本实验术语

同实验 12-1。

实验 13　无蛋白血滤液制备和血糖的测定

Preparation of Protein Free Blood Filtrate and Determination of Blood Glucose

一、目的要求

1. 掌握实验动物的采血、无蛋白血滤液制备方法。
2. 掌握血糖定量测定的原理和方法。

二、实验原理

早期血糖测定方法为 Folin-Wu 法，该法以硫酸铜、钼酸盐、钨酸钠等溶液为试剂，使 Cu^{2+} 转变为 Cu^{+}，继而使钼酸盐还原生成蓝色钼化物，蓝色深浅与血糖含量成正比，可用来定量测定血糖。该法涉及试剂多、步骤烦琐，且仅限于还原糖的定量。

蒽酮比色法是另一种定量测定糖方法，其原理详见实验 11。此法可用于可溶性单糖、寡糖和多糖的含量测定，并具有灵敏度高，简便快捷，适用于微量样品的测定等优点。不论单糖还是多糖，与蒽酮试剂反应都呈现蓝绿色，在 620 nm 下呈现最大吸光度。该法迅速、方便，但不适用于含大量色氨酸的蛋白质样品。本实验采用蒽酮比色法测定血糖含量。

相对于化学比色法测定血糖含量，现代临床血糖测定多采用电极法，电极法测定血糖含量的原理是通过测量血液中的葡萄糖被试剂中的酶催化产生的电流量测量血糖含量。电极法主要分两类：葡萄糖氧化酶电极测量法和葡萄糖脱氢酶电极测量法。

三、实验用品

【材料】

家兔。

【试剂】

（1）蒽酮试剂：0.2 g 蒽酮溶解于 100 mL 浓硫酸（分析纯，相对密度 1.84，含量 95%）中，当日配制、使用。

（2）标准葡萄糖溶液：用天平准确称量葡萄糖，配制质量浓度为 0.1 mg/mL 的葡萄糖溶液。

（3）0.35 mol/L 硫酸：取浓硫酸 19.6 mL，缓慢加入约 200 mL 蒸馏水中，冷却后再加蒸馏水至 1 000 mL。

（4）100 g/L 钨酸钠溶液

【器材】

恒温水浴锅，冰块，试管，试管架，带塞试管，吸量瓶，奥氏吸量管（0.1 mL，1 mL，2 mL，5 mL，10 mL），分光光度计，比色皿，锥形瓶，滤纸，漏斗，表面皿。

四、实验方法

1. 全血及血清制备

将体重 2 ~ 3 kg 家兔麻醉固定，剪去耳或颈部毛后，进行耳静脉采血或颈动脉放血，用试管收集血液，加入肝素或草酸钾抗凝。

2. 血糖测定

（1）标准葡萄糖溶液测定

分别量取蒽酮试剂 4 mL 和标准葡萄糖溶液 1 mL 置于试管中，迅速浸于冰浴中冷却，然后在沸水浴上加热 10 min（应加盖防止水分蒸发），冷却。另取一试管，以 1 mL 蒸馏水代替标准葡萄糖溶液作空白对照。以空白对照调零点，测定 620 nm 处的吸光度（A_{620}）。

（2）无蛋白血滤液制备

用奥氏吸量管吸取全血（已加入抗凝剂）1 mL，缓缓加入锥形瓶，加蒸馏水 7 mL，摇匀。溶血后（血液变为红色透明时）加 100 g/L 钨酸钠溶液 1 mL，摇匀。再加 0.35 mol/L 硫酸 1 mL，随加随摇，加毕充分摇匀，放置 5～15 min，至沉淀由鲜红色变为暗棕色。用干滤纸过滤，并在漏斗上盖一表面皿，此时即获得无蛋白血滤液。1 mL 无蛋白血滤液相当于 10 mL 全血，取 1 mL 无蛋白血滤液作为样品。

3. 样品血糖测定

将 4 mL 蒽酮试剂加到 1 mL 样品中，与"2.血糖测定"中的"（1）标准葡萄糖溶液测定"同方法处理，测得样品的 A_{620}。

五、实验结果

1. 血糖含量计算：

$$样品血糖含量（mg/mL）= \frac{c_1 \times N}{A_1} \times A_2$$

式中：c_1 为标准葡萄糖溶液的糖含量（0.1 mg/mL）；N 为稀释倍数（本实验为 10）；A_1 为标准葡萄糖溶液的 A_{620}；A_2 为样品的 A_{620}。

六、注意事项

1. 蒽酮试剂与糖反应时温度要控制在 100℃，从 100℃开始准确计时 10 min，然后迅速冷却，加热、比色时间应严格控制。

2. 蒽酮试剂应注意避光，当天配制好的当天使用。

3. 试管使用时必须干燥，无残留水滴。

4. 实验过程中涉及浓硫酸的使用，混合时会导致试管发热，且注意勿使管内液体溅出，以免造成人身财产损失。

七、实验后思考

1. 为什么要以无蛋白血滤液，而不是全血、血浆或血清来测定血糖含量？

2. 蒽酮试剂与标准葡萄糖溶液冰浴后沸水浴时为什么要加盖防止水分蒸发？

八、本实验术语

中文名	英文名
蒽酮	anthrone
血糖	blood glucose
无蛋白血滤液	protein free blood filtrate
肝素	heparin
草酸钾	potassium oxalate

中文名	英文名
奥氏吸量管	Ostwald–Folin pipet
糠醛	furfural
钨酸钠	sodium tungstate
吸光度	absorption（Abs，A）
分光光度计	spectrophotometer
比色皿	cuvette

第六部分

脂质

Lipid

实验 14　鱼油中不饱和脂肪酸 EPA 与 DHA 的提取和含量测定

Extraction and Content Determination of EPA and DHA in Fish Oil

一、目的要求

1. 学习不饱和脂肪酸的制备原理及方法。
2. 掌握不饱和脂肪酸的分析原理和方法。

二、实验原理

鱼油，特别是海产鱼油（包括肝、鱼肠）的脂肪中，富含多不饱和脂肪酸（PUFA）。鱼油富含的二十碳五烯酸（EPA）和二十二碳六烯酸（DHA）具有抑制血小板凝集，调整血脂，提高生物膜流动性及抗衰老的作用，可用于治疗血栓性心血管疾病，是人体必需的脂肪酸。EPA 和 DHA 属于多烯脂肪酸，分子中存在多个不饱和双键，极易氧化。在酶和非酶条件（高温、氧、光、金属离子）下，都可加速它们自身氧化，生成一些对人体有害的聚合物如醛、酮和烷氧化合物等。

目前 EPA 和 DHA 的纯化和制备方法包括色谱法、低温结晶法、精馏法、超临界流体萃取法等，其中低温结晶法要求的设备简单，操作方便安全，有效成分不易发生氧化、聚合、异构化等变性反应，因此本实验采用低温结晶法来提纯。

三、实验用品

【材料】

罐头用鲱鱼下脚料。

【试剂】

50 g/L 氯化钠溶液，氢氧化钠乙醇溶液（30 g/L），浓硫酸，5 g/L EDTA 溶液或 5% 甘露醇溶液，三氟化硼甲醇溶液，正己烷，蒸馏水。

【器材】

天平，冰箱，离心机，恒温水浴锅，150 目筛布，GC-9A 气相色谱仪。

四、实验方法

1. 罐头用鲱鱼下脚料搅碎，加半倍量蒸馏水，用氢氧化钠溶液调 pH 8.5～9.0。在搅拌下加热到 85℃～90℃，保温 45 min，加入 50 g/L 氯化钠溶液，搅拌下溶解，继续保温 15 min，过滤，压榨滤渣，合并滤液和压榨液，趁热离心可得鱼油。

2. 称取鱼油 50 g，加入 30 g/L 氢氧化钠乙醇溶液 350 mL，于 70℃～75℃恒温水浴中通氮气回流 30 min。室温放置，析出部分脂肪酸晶体，用 150 目筛布压滤，滤液于 –28℃冷却 12 h 再过滤。滤液加同体积的水，用 30% 硫酸调 pH 为 2～3，离心（3 000 r/min，10 min），得上层脂肪酸 PUFA-1。

3. 称取 PUFA-1 15 g，溶于 30 g/L 氢氧化钠乙醇溶液 105 mL，充分搅拌 15 min，–28℃冷却 12 h。过滤，滤液加入少量的水，用浓硫酸调 pH 2～3，离心（3 000 r/min，10 min），得上层脂肪酸 PUFA-2。加入 5 g/L EDTA 溶液或 5% 甘露醇溶液以防止脂肪酸的氧化。

4. 样品的衍生化：先称量适量样品，用三氟化硼甲醇溶液（将氟硼酸钠和三氧化二硼在浓硫酸中加热，生成三氟化硼气体，用置于冰浴中的甲醇吸收制得）进行甲酯化，再用正己烷萃取。

5. GC 色谱条件：色谱柱（2 m×2 mm），担体（80 目～100 目），固定液［3% 二甘醇琥珀酸酯（DEGS）溶液］，载气（N₂，30 mL/min），气化室温度 210℃，柱温 190℃，燃气（H₂，50 mL/min），助燃气（空气，500 mL/min），检测气［火焰离子化检测器（FID），210℃］。

五、实验结果
记录色谱图 EPA 和 DHA 出峰的峰形和出峰时间，测量两个峰的峰高和峰面积。

六、注意事项
1. 鱼油要新鲜制备，防止酸败导致不饱和脂肪酸含量太低。
2. 实验中需使用大量有机溶剂，注意防火安全。
3. 本实验利用饱和脂肪酸和不饱和脂肪酸及其盐在不同温度下溶解度的差异来浓缩纯化 PUFA，温度越低，溶解度差异越大。在 –40℃时，饱和脂肪酸几乎不溶于乙醇、丙酮等有机溶剂中，所以温度越低，纯化效果越高。
4. 碱及醇的用量：为不造成不必要的浪费和达到有效的提取率，一般选用 30 g/L 氢氧化钠乙醇溶液，乙醇的量一般为鱼油量的 10～15 倍，7 倍量亦可。
5. 皂化的温度一般控制在 70℃～75℃之间。

七、实验后思考
1. 在色谱分析中，经常会出现色谱峰不对称的现象，试分析原因？
2. 分离饱和脂肪酸和不饱和脂肪酸的原理是什么？
3. 进样操作应注意哪些事项？
4. 一定色谱条件下，进样量大小是否会影响色谱峰保留时间？

八、本实验术语

中文名	英文名
鱼油	fish oil
多不饱和脂肪酸	polyunsaturated fatty acid（PUFA）
二十碳五烯酸	eicosapentaenoic acid（EPA）
二十二碳六烯酸	docosahexenoic acid（DHA）
乙二胺四乙酸	ethylenediaminetetraacetic acid（EDTA）
血小板	platelet
血脂	blood lipid
生物膜	biological membrane
不饱和键	unsaturated bond
萃取	extraction
色谱柱	chromatographic column
固定液	stationary liquid
二甘醇琥珀酸酯	diethylene glycol succinate（DEGS）
火焰离子化检测器	flame ionization detector（FID）

实验 15　血清中甘油三酯和总胆固醇的含量测定

Determination of Serum Total Cholesterol and Triglyceride

一、目的要求

1. 掌握实验动物的采血、血清制备以及血脂和血胆固醇的提取方法。
2. 掌握血脂和血胆固醇定量测定的原理和方法。

二、实验原理

血脂包括三酰甘油、二酰甘油、单酰甘油、卵磷脂、脑磷脂、胆固醇、胆固醇酯、游离脂肪酸等，其中以三酰甘油（即甘油三酯）含量最多，临床检测常以甘油三酯作为血脂含量的指标。本实验即测甘油三酯的含量。用庚烷 / 异丙醇混合液抽提血清中的甘油三酯，经皂化使甘油分离出来，以过碘酸钠氧化甘油使其转变为甲醛，后者与乙酰丙酮、氨缩合生成黄色的化合物，在 415 nm 处有最大吸光度，与同样处理的标准液比较可求得血清中的甘油三酯的量。

总胆固醇包括游离胆固醇和胆固醇酯，可用化学比色法和酶比色法定量测定，本实验采用化学比色法。血清经无水乙醇处理，蛋白质沉淀，胆固醇及其酯溶于其中，在乙醇提取液中加磷硫铁试剂，胆固醇及其酯与试剂产生紫红色化合物，显色程度与胆固醇及其酯含量成正比，用比色法测定。

三、实验用品

【材料】

家兔。

【试剂】

（1）抽提剂：庚烷与异丙醇混合（体积比 = 2 : 3.5），棕色瓶保存。

（2）0.04 mol/L 硫酸：取浓硫酸 2.24 mL，缓慢加入约 100 mL 蒸馏水中，冷却后再加蒸馏水至 1 000 mL。

（3）皂化剂：6 g 氢氧化钾溶于 60 mL 蒸馏水中，再加入 40 mL 异丙醇混合，棕色瓶保存。

（4）氧化剂：77 g 无水乙酸铵溶于大约 300 mL 水中，再加入无水乙酸 60 mL，过碘酸钠 1 g，搅拌溶解后加水稀释到 1 000 mL，棕色瓶保存。

（5）显色剂：每 100 mL 异丙醇中含乙酰丙酮 0.4 mL，棕色瓶保存。

（6）标准甘油三酯贮存液：精确称取甘油三酯（如三油酸甘油酯）1 g，用抽提剂溶解并稀释到 100 mL 作为贮存液，置于棕色瓶密封保存于 4℃冰箱中。使用时，将贮存液用抽提剂稀释 10 倍，即可获得甘油三酯应用液。

（7）100 g/L $FeCl_3$– 磷酸溶液：称取 10 g $FeCl_3 \cdot 6H_2O$（分析纯）溶于 85%~87%浓磷酸中，然后定容至 100 mL，贮于棕色瓶中保存。

（8）磷硫铁试剂：加 100 g/L $FeCl_3$– 磷酸溶液 1.5 mL 于 100 mL 棕色容量瓶中，以浓硫酸（分析纯）定容至刻度。

（9）标准胆固醇贮存液：准确称取胆固醇（化学纯，必要时须重结晶）80 mg，溶于无水乙醇中，定容至 100 mL 作为贮存液，置于棕色瓶密封保存于 4℃冰箱中。使用时，将贮存液用无水乙醇准确稀释 10 倍即可获得胆固醇应用液。

（10）蒸馏水。

【器材】

恒温水浴锅，冰块，试管，试管架，带塞试管，吸量瓶，分光光度计，分析天平，比色皿，容量瓶，棕色瓶（100 mL），离心机，冰箱。

四、实验方法

1. 全血及血清制备

将体重 2~3 kg 家兔麻醉固定，剪去耳或颈部毛后，进行耳静脉采血或颈动脉放血，用试管收集血液。将血液于 4℃冰箱放置一段时间后提取血清，待用。

2. 血清甘油三酯含量测定

（1）取 3 支试管，编号后按下表加入试剂并充分混合。

试管编号	空白管	标准管	测定管
血清 /mL	—	—	0.2
甘油三酯应用液 /mL	—	0.2	—
蒸馏水 /mL	0.2	0.2	—
抽提剂 /mL	2.2	2	2.2
0.04 mol/L 硫酸 /mL	0.4	0.4	0.4

（2）振荡试管大约 1 min，静置使分层。取出上清液 0.4 mL，放入另外 3 支相应的试管中（1 号试管：空白管；2 号试管：标准管；3 号试管：测定管），各加入 2 mL 皂化剂，混合后放于 65~70℃水浴 5 min。然后各加入 1 mL 氧化剂和 2 mL 显色剂，混合各管，于 65~70℃水浴 15 min。取出各管冷却，以 1 号试管为空白对照，测定其他各管在 420 nm 处的吸光度（A_{420}）。

3. 血清总胆固醇含量测定

（1）吸取 0.1 mL 血清置于干燥离心管中，先加无水乙醇 0.4 mL，摇匀后，再加无水乙醇 2.0 mL（无水乙醇分两次加入，目的是使蛋白质以分散很细的沉淀析出），加盖，用力摇匀 10 min 后，以 3 000 r/min 离心 5 min，取出上清液，此即为血清乙醇提取液，备用。

（2）取 3 支试管，编号，分别按下表添加试剂。摇匀，10 min 后，测定 560 nm 处的吸光度（A_{560}）。

试管编号	空白管	标准管	测定管
无水乙醇 /mL	1.0	—	—
胆固醇应用溶液 /mL	—	1.0	—
血清乙醇提取液 /mL	—	—	1.0
磷硫铁试剂 /mL	1.0	1.0	1.0

五、实验结果

1. 血清甘油三酯含量计算：

$$血清甘油三酯（mg/mL）= \frac{测定管\ A_{420}}{标准管\ A_{420}}$$

2. 血清胆固醇含量计算：

$$血清胆固醇（mg/mL）= \frac{测定管\ A_{560}}{标准管\ A_{560}} \times 0.08 \times 25$$

式中：0.08 为胆固醇应用液的浓度（0.08 mg/mL）；25 为血清稀释倍数。

六、注意事项

1. 抽提时摇匀静置，待完全分层后才能吸取上清液，吸取上清液时不能混入下层液。

2. 测定血清胆固醇时，离心后上清液必须清亮透明，不能混有细微沉淀颗粒，否则要重新离心。加入的显色液必须与乙醇分成两层，可稍后混合，不能边加边摇，否则显色不完全。

3. 试管使用时必须干燥，无残留水滴。

4. 实验过程中涉及使用浓硫酸、浓磷酸，混合时会导致试管发热，注意勿使管内液体溅出，以免造成人身财产损失。

5. 乙醇沉淀蛋白质时，乙醇要吹冲加入，使蛋白质分散成细小颗粒，便于胆固醇游离出来，否则结果偏低。

6. 加磷硫铁试剂时，要沿管壁慢慢加入，不能边加边摇；加完以后立即振摇混匀，以便产生足够热量（>80℃）。

7. 磷硫铁试剂的腐蚀性强，对布料、油漆等有强烈的腐蚀作用，做完实验应立即用水清洗。

七、实验后思考

1. 血脂含量过高会导致何种疾病？为什么？

2. 胆固醇对人体的影响主要有哪些？

3. 前些年，人们对食物中的胆固醇避而远之，认为含胆固醇的食物对身体健康不利，不可食用。如何看待此种观点？

八、本实验术语

中文名	英文名
甘油三酯	triglyceride（TG）
胆固醇	cholesterol
皂化剂	saponification agent
显色剂	chromogenic agent
化学比色法	chemical colorimetry
酶比色法	enzyme colorimetry
庚烷	heptane
乙酰丙酮	acetylacetone
过碘酸钠	sodium periodate
抽提	extraction
血清	serum
吸光度	absorption（Abs，A）
分光光度计	spectrophotometer
比色皿	cuvette

网上更多学习资源……

◆教学课件　　◆自测题　　◆参考文献　　◆实验报告

第七部分

物质代谢

Metabolism

实验 16　肝线粒体中两条电子传递链的鉴定

Identification of Two Electron Transfer Chains in Liver Mitochondrion

一、目的要求

1. 掌握动物组织细胞器的提取方法。
2. 了解电子在电子传递链中的传递过程。
3. 了解体外实验中研究电子传递链的方法。

二、实验原理

生物氧化过程中，代谢底物脱下的氢传递给不同辅酶（或辅基）后，再经一系列的电子传递体传递，最后与氧结合生成水。这些存在于线粒体内膜上的氧化还原酶及其辅酶依次排列，起到传递电子或质子的作用，称为电子传递链或呼吸链。在线粒体内膜上，存在有两条呼吸链。

第一条：$NADH + H^+ \longrightarrow FMN \longrightarrow CoQ \longrightarrow$ 细胞色素 $\longrightarrow O_2$

第二条：$FADH_2 \longrightarrow CoQ \longrightarrow$ 细胞色素 $\longrightarrow O_2$

在体外实验中，还原型辅酶所携带的质子和电子可传递给氧化型甲烯蓝等受氢体（蓝色），将后者还原为还原型（无色）。反应如下：

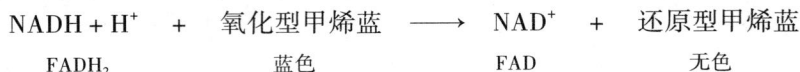

$$NADH + H^+ \quad + \quad 氧化型甲烯蓝 \quad \longrightarrow \quad NAD^+ \quad + \quad 还原型甲烯蓝$$
$$FADH_2 \qquad\qquad 蓝色 \qquad\qquad\qquad FAD \qquad\qquad 无色$$

根据氧化型甲烯蓝蓝色消退的速度，可判断反应体系中产生的还原型辅酶的量。

肝作为体内重要器官，肝细胞的线粒体中，生物氧化反应非常频繁，是研究电子传递链的良好样品。在肝细胞中，糖酵解、乳酸脱氢和三羧酸循环过程能产生大量的 $NADH$、H^+ 和 $FADH_2$，这两类辅酶带有电子，电子可通过电子传递链传递到氧，产生水和 ATP。在体外，这些辅酶也可将电子传递给氧化型甲烯蓝，通过观察体外氧化型甲烯蓝被还原的颜色变化，可以理解肝细胞线粒体中电子传递链的原理。

三、实验用品

【材料】

鱼肝。

【试剂】

（1）磷酸钾缓冲溶液（PBS，50 mmol/L，pH 7.4）：0.2 mol/L 磷酸二氢钾溶液 500 mL 和 0.2 mol/L NaOH 溶液 395 mL，混合后加蒸馏水至 2 000 mL。

（2）0.2 mg/mL 甲烯蓝溶液：20 mg 甲烯蓝溶于 100 mL PBS 中。

（3）90 mmol/L 葡萄糖 PBS 溶液：在 PBS 溶液中配制该葡萄糖浓度。

（4）90 mmol/L 琥珀酸 PBS 溶液：在 PBS 溶液中配制该琥珀酸浓度。

（5）90 mmol/L 乳酸 PBS 溶液：在 PBS 溶液中配制该乳酸浓度。

（6）5 mmol/L NAD^+ PBS 溶液：在 PBS 溶液中配制该 NAD^+ 浓度。

【器材】

研钵，石英砂，纱布，恒温水浴锅，剪刀，镊子，涡旋混合仪，表面皿，具塞试管，烧杯，移液器。

四、实验方法

1. 肝提取液的准备

称取鱼肝 2 g，用剪刀剪成肉糜，放入 100 mL 烧杯中，加冰冷去离子水 10 mL 洗涤，小心倾去水。同法洗涤 3 次，以细纱布过滤并轻轻挤压除去过多的水分。将肉糜转移至冰冷的研钵中，加等量石英砂和 PBS 2 mL，在冰浴中研磨至糊状，再加 15 mL PBS，抽提（放置至少 5 min）。双层纱布过滤，滤液收集于试管，即为肝提取液，置冰浴中备用。

2. 底物的氧化

取具塞试管 6 支，编号，按下表依次添加各试剂。

试管号	1	2	3	4	5	6
0.2 mg/mL 甲烯蓝溶液 /mL	0.5	0.5	0.5	0.5	0.5	0.5
90 mmol/L 葡萄糖 PBS 溶液 /mL	0.5	0.5	—	—	—	—
90 mmol/L 琥珀酸 PBS 溶液 /mL	—	—	0.5	0.5	—	—
90 mmol/L 乳酸 PBS 溶液 /mL	—	—	—	—	0.5	0.5
5 mmol/L NAD$^+$ PBS 溶液 /mL	0.5	—	0.5	—	0.5	—
PBS 溶液 /mL	0.5	0.5	0.5	0.5	0.5	0.5
总量 /mL	2	1.5	2	1.5	2	1.5

混匀，置 37℃恒温水浴保温 5 min。加入已在 37℃恒温水浴预保温 5 min 的肝提取液各 1 mL，混匀，盖紧塞子，继续放 37℃恒温水浴保温。

3. 观察各管颜色变化，记录各管褪色的时间，60 min 不变色者记为零。

五、实验结果

记录各管褪色的时间，分析实验结果所说明的问题。

六、注意事项

1. 体外实验亦可用 2,6- 二氯酚靛酚（DPI）作为受氢体，在类似实验条件下蓝色的 DPI（氧化型）受氢体还原成无色的 DPI（还原型）。

2. 还原型甲烯蓝和氧气接触时，会被重新氧化成蓝色的氧化型甲烯蓝，因此观察颜色时切忌振摇试管。

3. 制备肝提取液时需要在低温条件下进行，以防蛋白质变性。

七、实验后思考

1. 呼吸链中氢和电子是怎样传递的？

2. 常见的呼吸链电子传递抑制剂有哪些？它们的作用机制是什么？

八、本实验术语

中文名	英文名
烟酰胺腺嘌呤二核苷酸	nicotinamide adenine dinucleotide（NAD$^+$）
黄素腺嘌呤二核苷酸	flavin adenine dinucleotide（FAD）
辅酶	coenzyme
葡萄糖	glucose（Glu）
电子传递链	electron transfer chain
甲烯蓝	methylene blue
磷酸钾缓冲溶液	potassium phosphate buffer solution（PBS）
琥珀酸	succinic acid
乳酸	lactic acid
研磨	grind
过滤	filter
糖酵解	glycolysis
三羧酸循环	tricarboxylic acid cycle（TAC）
2,6- 二氯酚靛酚	2,6-dichlorophenol indophenol titration（DPI）

实验 17　糖酵解中间产物磷酸丙糖的鉴定

Identification of Triose Phosphate as an Intermediate of Glycolysis

一、目的要求

1. 了解利用抑制剂来研究中间代谢的方法。
2. 通过碘乙酸对 3– 磷酸甘油醛脱氢酶的抑制作用进一步明确酶的必需基团的概念。
3. 通过本实验进一步加深理解糖酵解过程。

二、实验原理

糖类最主要的生理功能是为机体提供生命活动所需要的能量。葡萄糖分解代谢是生物体取得能量的主要方式，生物体中葡萄糖的氧化分解主要分为糖的无氧氧化和糖的有氧氧化。其中糖的无氧氧化是有氧氧化的准备阶段，糖的无氧氧化又称为糖酵解，是指在无氧条件下，一分子葡萄糖分解成两分子丙酮酸，并产生 NADH 和 ATP 的过程。该过程一共有 10 步反应，由于酵母使糖发酵的过程也需要利用该过程，因此称为糖酵解。催化糖酵解反应的一系列酶存在于细胞质中，其中间代谢产物均为磷酸化合物，糖酵解的第 4 步反应是将一分子的 1,6– 二磷酸果糖裂解为 3– 磷酸甘油醛和磷酸二羟丙酮两个分子，其中 3– 磷酸甘油醛是重要的磷酸丙糖中间产物。

新鲜酵母与适当浓度的葡萄糖溶液混合后，置于适宜的温度下，发酵即迅速开始，新鲜酵母中含有足量的无机磷酸盐可供发酵使用，不必外加。为鉴定发酵的中间产物 3– 磷酸甘油醛，用碘乙酸抑制 3– 磷酸甘油醛脱氢酶，使酵解反应不再向前进行而停留在磷酸丙糖阶段。用硫酸肼作稳定剂，保护磷酸丙糖不致自发分解，使其不能向其他方向变化，结果磷酸丙糖堆积。然后以 2,4– 二硝基苯肼与其在偏碱性条件下反应生成 3– 磷酸甘油醛 –2,4– 二硝基苯腙，再加过量的氢氧化钠即生成棕色复合物，其棕色深度与 3– 磷酸甘油醛的含量成正比。反应过程如图 17–1 所示。

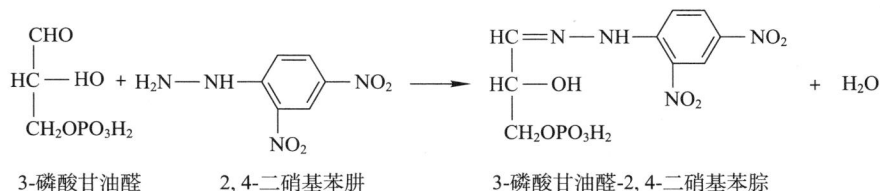

图 17–1　3– 磷酸甘油醛与 2,4– 二硝基苯肼的反应过程

三、实验用品

【材料】

干酵母。

【试剂】

（1）0.001 mol/L 碘乙酸溶液：取碘乙酸 1.86 g，溶于 50 mL 蒸馏水中，用 1 mol/L 氢氧化钠溶液调至 pH 7.4，然后用水稀释至 100 mL。

（2）0.5 mol/L 硫酸肼溶液：称取硫酸肼 7.28 g 溶于 50 mL 蒸馏水中，滴加 1 mol/L 氢氧化钠溶液调 pH 至 7.4，加蒸馏水至 100 mL。

（3）2,4- 二硝基苯肼溶液：取 2,4- 二硝基苯肼 0.1 g 溶于 100 mL 2 mol/L 盐酸中，贮棕色瓶内备用。

（4）50 g/L 葡萄糖溶液，100 g/L 三氯乙酸溶液，0.75 mol/L 氢氧化钠溶液，去离子水，蒸馏水。

【器材】

试管，试管架，玻璃棒，烧杯，恒温水浴锅或恒温箱，移液管（5.0 mL，2.0 mL，1.0 mL，0.5 mL）。

四、实验方法

1. 取干酵母 2 g 于烧杯中，加 10 mL 去离子水，用玻璃棒搅匀，使其成为酵母混悬液，按下表添加试剂。

试管号	酵母混悬液 /mL	100 g/L 三氯乙酸溶液 /mL	0.001 mol/L 碘乙酸溶液 /mL	0.5 mol/L 硫酸肼溶液 /mL	50 g/L 葡萄糖溶液 /mL	蒸馏水 /mL
1	0.5	1.0	0.2	0.2	2.0	0
2	0.5	—	0.2	0.2	2.0	1.0
3	0.5	—	—	—	2.0	1.4

2. 放 37℃恒温水浴锅或恒温箱内 1 h，取出后立即按下表加入各试剂并迅速混匀。混匀后 37℃恒温水浴 5 min 使 3 支试管等温。

试管号	100 g/L 三氯乙酸溶液 /mL	0.001 mol/L 碘乙酸溶液 /mL	0.5 mol/L 硫酸肼溶液 /mL
1	—	—	—
2	1.0	—	—
3	1.0	0.2	0.2

3. 过滤，若滤液不清可重复过滤，直至澄清为止。

4. 另取 3 支试管，编号，每管分别加入 0.5 mL 滤液和 0.5 mL 2,4- 二硝基苯肼，加好后混匀，37℃恒温水浴 10 min 后每管加入 4 mL 0.75 mol/L 氢氧化钠溶液，观察各管颜色有何不同。

五、实验结果

描述观察到的实验现象，并加以解释。

六、注意事项

1. 用移液管吸取多种不同液体时，应在每次加另一种液体之前用清水洗净。
2. 每次水浴前必须摇匀。

七、实验后思考

1. 实验中三氯乙酸、碘乙酸、硫酸肼三种试剂分别起什么作用？
2. 加入 2,4- 二硝基苯肼等处理后，哪管生成的颜色最深？为什么？

八、本实验术语

中文名	英文名
酵母	yeast
糖酵解	glycolysis
磷酸丙糖	triose phosphate
3-磷酸甘油醛	glyceraldehyde 3-phosphate
一碘乙酸	monoiodoacetic acid
硫酸肼	hydrazine sulfate
2,4-二硝基苯肼	2,4-dinitrophenyl hydrazine（2,4-DNP）
三氯乙酸	trichloroacetic acid
3-磷酸甘油醛脱氢酶	glyceraldehyde-3-phosphate dehydrogenase（GAPDH）

实验 18　脂肪酸的 β - 氧化

β-oxidation of Fatty Acids

一、目的要求

1. 了解脂肪酸的 β- 氧化作用。
2. 通过测定和计算反应液内丁酸氧化生成丙酮的量，掌握测定 β- 氧化作用的方法及原理。

二、实验原理

双数碳原子脂肪酸在动物组织中经 β- 氧化可生成乙酰辅酶 A，两分子乙酰辅酶 A 可再缩合成乙酰乙酸。在肝内，乙酰乙酸可脱羧生成丙酮，也可还原生成 β- 羟丁酸。乙酰乙酸、β- 羟丁酸和丙酮总称为酮体。

本实验用新鲜肝糜与丁酸保温，生成的丙酮可用碘仿反应测定。在碱性条件下，丙酮与碘生成碘仿。反应式如下。

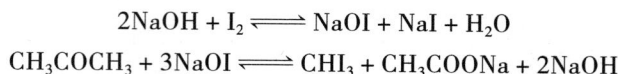

$$2NaOH + I_2 \rightleftharpoons NaOI + NaI + H_2O$$

$$CH_3COCH_3 + 3NaOI \rightleftharpoons CHI_3 + CH_3COONa + 2NaOH$$

剩余的碘，可用标准硫代硫酸钠滴定。

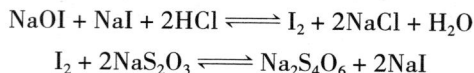

$$NaOI + NaI + 2HCl \rightleftharpoons I_2 + 2NaCl + H_2O$$

$$I_2 + 2NaS_2O_3 \rightleftharpoons Na_2S_4O_6 + 2NaI$$

根据滴定样品与滴定对照所消耗的硫代硫酸钠之差，可以计算出由丁酸氧化生成丙酮的量。

三、实验用品

【材料】

家兔。

【试剂】

（1）乐氏（Locke）溶液：取 NaCl 0.9 g、KCl 0.042 g、NaH$_2$PO$_4$ 0.02 g 和葡萄糖 0.1 g，溶于 50 mL 蒸馏水后，加 CaCl$_2$ 0.043 g，加蒸馏水稀释至 100 mL。

（2）0.067 mol/L 磷酸缓冲液（pH 7.6）：称取 Na$_2$HPO$_4$ 11.876 g，溶于少量蒸馏水，转移至 1 000 mL 容量瓶中，加蒸馏水稀释至刻度。称取 NaH$_2$PO$_4$ 9.078 g，溶于少量蒸馏水，转移至 1 000 mL 容量瓶中，用蒸馏水稀释至刻度。取上述配成的 Na$_2$HPO$_4$ 溶液 86.8 mL 和 NaH$_2$PO$_4$ 溶液 13.2 mL 混匀即得。

（3）0.2 mol/L 丁酸溶液：将 23.2 g 丁酸溶于少量 0.1 mol/L NaOH 溶液中，转移至 1 000 mL 容量瓶中，并用同样溶液稀释至 1 000 mL。

（4）150 g/L 三氯乙酸溶液：将 15 g 三氯乙酸溶于少量蒸馏水中并稀释至 100 mL。

（5）0.1 mol/L HCl 溶液：取浓 HCl 100 mL，加蒸馏水至 370 mL。

（6）0.5 mol/L H$_2$SO$_4$ 溶液：取 10 mL 浓 H$_2$SO$_4$（相对密度 1.84）加入蒸馏水中，用蒸馏水稀释至 360 mL。

（7）2.5 mol/L NaOH 溶液：将 100 g NaOH 溶于蒸馏水并稀释至 1000 mL。

（8）5 g/L 淀粉溶液：取可溶性淀粉 5 g，加少量热蒸馏水，边搅边加热，使呈糊状，再用热蒸馏水稀释至 1 000 mL。

（9）标准 0.05 mol/L $Na_2S_2O_3$ 溶液：取 $Na_2S_2O_3$（分析纯）25 g，溶于煮沸过的新鲜冷蒸馏水中，加硼酸 3.8 g，用煮沸过的冷蒸馏水稀释至 1 000 mL。依下法标定：称取 0.420 g KIO_3（分析纯），用少量蒸馏水溶解，转移至 1 000 mL 容量瓶中，用蒸馏水稀释至 1 000 mL，即为 0.02 mol/L KIO_3 溶液。准确吸取该溶液 20.0 mL，置 100 mL 锥形瓶中加入 2 g KI 及 0.5 mol/L H_2SO_4 溶液 10 mL，摇匀，以 5 g/L 淀粉溶液为指示剂，用 0.05 mol/L $Na_2S_2O_3$ 溶液滴定，根据滴定所耗 $Na_2S_2O_3$ 溶液量计算 $Na_2S_2O_3$ 溶液摩尔浓度。

$$KIO_3 + 5KI + 3H_2SO_4 \longrightarrow 3K_2SO_4 + 3I_2 + 3H_2O$$

$$I_2 + 2Na_2S_2O_3 \longrightarrow 2NaI + Na_2S_4O_6$$

（10）0.05 mol/L I_2-KI 溶液：称取 I_2 12.7 g 和 KI 2 g，溶于蒸馏水并稀释至 1 000 mL。用标准 0.05 mol/L $Na_2S_2O_3$ 溶液标定。

（11）蒸馏水。

【器材】

表面皿，容量瓶（1 000 mL），锥形瓶（50 mL），恒温水浴锅，剪刀，漏斗，滤纸。

四、实验方法

1. 取家兔处死，立即取肝，放于冰冻表面皿上，剪成碎块，磨成肝糜。

2. 取编号的 50 mL 锥形瓶 2 只，按下表添加试剂。

瓶号	乐氏溶液 /mL	0.067 mol/L 磷酸缓冲液（pH7.6）/mL	0.2 mol/L 丁酸溶液 /mL	蒸馏水 /mL	肝糜 /g
1	3	2	3	—	0.5
2	3	2	—	3	0.5

3. 将上述两瓶反应液混匀，于 37℃恒温水浴中保温 3 h，各加 150 g/L 三氯乙酸溶液 2 mL，摇匀，静置 15 min，过滤，收集滤液，分别标注为滤液 I 和滤液 II。

4. 另取 50 mL 锥形瓶 3 只，编号 I、II、III，依下表添加试剂：

瓶号	滤液 I /mL	滤液 II /mL	蒸馏水 /mL	0.05 mol/L I_2-KI 溶液 /mL	2.5 mol/L NaOH 溶液 /mL
I（试验）	5.0	—	—	5.0	5.0
II（对照）	—	5.0	—	5.0	5.0
III（空白）	—	—	5.0	5.0	5.0

5. 加毕，摇匀，放置 10 min，使碘仿反应完成。加入 0.1 mol/L HCl 溶液 5.0 mL 及 5 g/L 淀粉溶液 5 滴，立即用 0.05 mol/L $Na_2S_2O_3$ 溶液滴定至淡黄色。

6. II 和 III 两瓶所耗 0.05 mol/L $Na_2S_2O_3$ 溶液之差，不应大于 I 和 II 两瓶之差。

五、实验结果

1 mL 0.05 mol/L $Na_2S_2O_3$ 溶液相当于 0.9667 mg 丙酮，因此 0.5 g 肝糜中的丙酮含量 x（mg）可由下式计算。

$$x = \frac{(V_1 - V_2) \times 0.966\,7 \times 10}{5}$$

式中：V_1 为滴定对照瓶所消耗的 0.05 mol/L $Na_2S_2O_3$ 溶液的体积（mL），V_2 为滴定反应瓶所消耗的 0.05 mol/L $Na_2S_2O_3$ 溶液的体积（mL）。

六、注意事项

1. 家兔处死后，应立即将血放尽，因为血中含有能利用酮体的酶。
2. 肝糜必须新鲜，放置过久则失去氧化脂肪酸的能力。

七、实验后思考

1. 为什么说做好本实验的关键是制备新鲜的肝糜？
2. 为什么测定碘仿反应中剩余的碘可以计算出样品中丙酮的含量？

八、本实验术语

中文名	英文名
脂肪酸	fatty acid（FA）
丁酸	butyric acid
β- 羟丁酸	β-hydroxybutyric acid
丙酮	acetone
乙酰乙酸	acetoacetic acid
β- 氧化	β-oxidation
酮体	ketone body
碘仿	iodoform
滴定	titration
硫代硫酸钠	sodium thiosulfate
匀浆	homogenate
磷酸缓冲液	phosphate buffered saline（PBS）

实验 19　动物组织中的转氨反应

Transamination in Animal Tissue

一、目的要求

1. 掌握滤纸层析的原理和基本操作。
2. 学习转氨作用的过程。

二、实验原理

转氨反应是由转氨酶（氨基转移酶）催化的。在这个过程中，α- 氨基从 α- 氨基酸转移到 α- 酮酸，使 α- 氨基酸转变为 α- 酮酸。与此同时，α- 酮酸转化为一种新的氨基酸。转氨反应是可逆的。每一个转氨反应都是由一个特定的转氨酶催化的，转氨酶广泛存在于生物体的每个器官中。

本实验将肝匀浆与 L- 丙氨酸、丙酮酸、谷丙转氨酶（GPT，又称丙氨酸转氨酶，在肝损伤的诊断中很重要，可催化丙氨酸氨基转移到 α- 酮戊二酸，从而生成丙酮酸和谷氨酸）混合。用滤纸层析法可以检测谷氨酸的存在，证明组织中存在转氨反应。

三、实验用品

【材料】

新鲜动物肝

【试剂】

（1）0.01 mol/L 磷酸缓冲液（pH 7.4）：0.2 mol/L Na_2HPO_4 溶液 81 mL 和 0.2 mol/L NaH_2PO_4 溶液 19 mL 混匀，蒸馏水稀释 20 倍。

（2）0.1 mol/L 丙氨酸溶液：称取 0.891 g 丙氨酸，溶于少量 0.01 mol/L 磷酸缓冲液（pH 7.4）中，以 1 mol/L NaOH 溶液仔细调节 pH 至 7.4 后，用磷酸缓冲液调节终体积至 100 mL。

（3）0.01 mol/L α- 酮戊二酸溶液：称取 1.461 g α- 酮戊二酸先溶于少量 0.01 mol/L 磷酸缓冲液（pH 7.4）中。用 1 mol/L NaOH 溶液仔细调节 pH 至 7.4 后，用磷酸缓冲液调节终体积至 100 mL。

（4）0.1 mol/L 谷氨酸溶液：称取 0.735 g 谷氨酸溶于少量 0.01 mol/L 磷酸缓冲液（pH 7.4）中，用 1 mol/L NaOH 溶液仔细调节 pH 至 7.4 后，用磷酸缓冲液调节终体积至 100 mL。

（5）茚三酮乙醇溶剂：称取 0.2 g 茚三酮溶于 100 mL 95% 乙醇中。

（6）层析溶剂：苯酚饱和水溶液。

【器材】

培养皿，观察玻璃，滤纸，层析滤纸，玻璃匀浆器，试管，试管架，恒温水浴锅，毛细管，移液器，喷雾器，剪刀，铅笔，尺子。

四、实验方法

1. 肝匀浆的制备

取新鲜动物肝 5 g，加入 20 mL 预冷的 0.01 mol/L 磷酸缓冲液（pH 7.4），用玻璃匀浆器以 10 000 r/min 转速研磨 30 s 成肝匀浆。

2. 转氨作用反应

取 2 支干净试管，一个是测定管，另一个是对照管。操作如下表所示。

试剂	测定管	对照管
肝匀浆 /g	0.5	0.5
—		沸水浴 10 min，冷却，混匀
0.1 mol/L 丙氨酸溶液	0.5	0.5
0.01 mol/L α–酮戊二酸溶液	0.5	0.5
0.01 mol/L 磷酸缓冲液（pH 7.4）	1.5	1.5
	混匀，37℃水浴 50 min	
	沸水浴中煮 5 min，终止反应，取出冷却后混匀	

取出冷却后，分别用滤纸过滤或 2 000 r/min 离心 3 ~ 5 min。将滤液或上清液转移至标有相同编号的新试管中。

3. 纸层析测定

（1）取一张直径为 12 cm 的圆形层析滤纸，用铅笔与尺子画两条通过圆心的 2 厘米相互垂直的线。用两条线的末端点作点样点，分别标记为"测定""对照""谷氨酸""丙氨酸"。

（2）取 4 根毛细管，分别吸取测定管溶液、0.1 mol/L 谷氨酸溶液、对照管溶液、0.1 mol/L 丙氨酸溶液在点样处点样。注意斑点不可太大，直径要小于 0.3 cm；每点一滴须待吹干后方可再点第二滴，每个样品可点 2 ~ 3 次。

（3）用针在滤纸圆心处戳一个直径 1 mm 的孔，取另一条尺寸为 0.5 cm × 2.5 cm 的同类滤纸条，下一半剪成须状，卷成圆筒，像拧灯芯一样，从点样相反的一侧插入孔中。

（4）将约 1 ml 的层析溶剂加入直径为 3 ~ 5 cm 的观察玻璃中，放置在直径为 10 cm 的培养皿中。将滤纸平放在培养皿上，将"灯芯"浸在 2 g/L 茚三酮乙醇溶剂中。用另一个同样大小的培养皿反盖上。2 g/L 茚三酮乙醇溶剂沿"灯芯"上升至滤纸，扩散一圈（层析时间为 45 ~ 60 min）。2 g/L 茚三酮乙醇溶剂前缘距滤纸边缘约 1 cm 时即可取出，用铅笔画出 2 g/L 茚三酮乙醇溶剂的边缘，在烘箱中烘干。

（5）显影：将滤纸平放在培养皿上，喷洒 2 g/L 茚三酮乙醇溶剂。烘箱中烘干，滤纸上会呈现紫色弧状条带。

五、实验结果

用铅笔画出条带的边框，测出表格中的数值，根据下列公式计算 R_f 值。

$$R_f = \frac{d_1}{d_2}$$

式中：d_1 为点样点到斑块中心的距离（cm）；d_2 为点样点到溶剂边缘的距离（cm）。将测得的结果填入下表。

测定参数	测定	谷氨酸	丙氨酸	对照
d_1				
d_2				
R_f 值				

与已知的标准氨基酸的 R_f 值进行对比，指出条带所对应的氨基酸，并根据结果解释转氨作用。

六、注意事项

1. 层析滤纸不可用手触摸，以免有手印。
2. 在层析滤纸上画线时只可用铅笔，不可用其他笔。
3. 点样时毛细管不能交叉污染。

七、实验后思考

1. 如果对照管在沸水中煮的时间不够充分，会在层析结果中出现什么现象？
2. 氨基酸滤纸层析鉴定法操作的关键是什么？

八、本实验术语

中文名	英文名
转氨反应	transamination reaction
转氨酶	transaminase
肝匀浆	liver homogenate
丙氨酸	alanine
丙酮酸	pyruvate
α- 酮戊二酸	α-ketoglutaric acid
谷氨酸	glutamate
滤纸层析法	filter paper chromatography
茚三酮	ninhydrin
苯酚	phenol
匀浆机	homogenizer
沸水浴	boiling water bath
过滤	filter
离心	centrifuge
上清液	supernatant
毛细管	capillary tube
烘干	drying

第八部分

拓展性与综合性实验

Extensive and Comprehensive Experiment

实验 20　酪蛋白的提取和性质测定

Extraction and Characteristics Determination of Casein

▶ 20-1　酪蛋白的粗提取

Rough Extraction of Casein

一、目的要求

1. 学习盐析法提取蛋白质的方法。
2. 学习掌握离心机的使用。

二、实验原理

牛奶中的蛋白质主要以酪蛋白为主，它是一种大型、致密、极难消化分解的蛋白质。酪蛋白为非结晶、非潮解性物质，能吸收水分，遇水则迅速膨胀。酪蛋白微溶于水和有机溶剂，常温下在水中可溶解 0.8% ~ 1.2%，也可溶于稀碱和浓酸中。

蛋白质在水溶液中的溶解度是由蛋白质周围亲水基团与水形成水化膜的程度及蛋白质分子所带电荷的情况决定的。当加入中性盐后，由于中性盐对水分子的亲和力大于蛋白质，于是蛋白质分子周围的水化膜层减弱乃至消失。同时，中性盐加入蛋白质溶液后，由于溶液离子强度发生改变，蛋白质表面电荷大量被中和，更加导致蛋白质溶解度降低，使蛋白质分子聚集而沉淀。

本实验建立了从牛奶中粗提取酪蛋白的实验方法，将蛋白质的分离纯化（20-1、20-2）、含量测定（20-3）、分子量测定（20-4）、两性反应和等电点测定（20-5）等常规蛋白质提取与检测方法联系起来，使实验者对蛋白质类药物的研究有更全面的了解，对这些方法有更加系统的认识。

三、实验用品

【材料】

纯牛奶。

【试剂】

（1）饱和硫酸铵溶液：用托盘天平称取固体硫酸铵 37.7 g 溶于 50 mL 蒸馏水中（硫酸铵在 20℃时溶解度为 75.4 g），用玻璃棒搅拌使其溶解。

（2）95% 乙醇溶液，无水乙醇。

【器材】

托盘天平，量筒、烧杯、滴管、玻璃棒、保鲜膜、离心管，低速离心机，真空干燥器。

四、实验方法

1. 沉淀：取 10 mL 纯牛奶倒入烧杯内，边倒入等体积饱和硫酸铵溶液边搅拌，静置 5 min。
2. 离心：将上述溶液分装入 2 支离心管（每管大约 10 mL）中，托盘天平平衡质量，3 000 r/min 离心 20 min。用滴管吸取上清液弃去，95% 乙醇溶液 10 mL 洗涤剩余固体，2 000 r/min 离心 10 min，弃去上清液，重复上述步骤 1 次。再用无水乙醇洗涤沉淀 1 次，2 000 r/min 离心 10 min。

3. 干燥：取出离心管，弃去上清液，用保鲜膜封口，膜上扎 5～10 个小孔，放入真空干燥器中干燥，即获得酪蛋白样品。

五、实验结果

观察实验结果并解释实验现象。

六、注意事项

1. 盐析时，应先根据实验时室温下硫酸铵的溶解度配制饱和硫酸铵溶液，然后将其加入等体积的牛奶中。

2. 离心前，须平衡装入了样品的离心管。

七、实验后思考

1. 还有哪些方法可用于提取蛋白质？
2. 试简述硫酸铵分级沉淀蛋白质的方法和原理。

八、本实验术语

中文名	英文名
酪蛋白	casein
粗提	rough extract
离心	centrifugation
上清液	supernatant
盐析	salting out
盐溶	salting in
水化层	hydration shell
无水乙醇	absolute ethanol
饱和硫酸铵溶液	saturated ammonium sulfate solution
离心机	centrifuge
配平	balancing

网上更多学习资源……

◆教学课件　　◆自测题　　◆参考文献　　◆实验报告

▶ 20-2　Sephadex G-75 凝胶层析法分离酪蛋白与核黄素

Separating Riboflavin and Casein by Sephadex G-75 Gel Chromatography

一、目的要求

1. 掌握凝胶层析法的原理和基本操作技术。
2. 掌握使用 Sephadex G-75 分离核黄素与酪蛋白。

二、实验原理

凝胶层析是广泛应用于蛋白质、酶和核酸等生物大分子分离分析的有效方法之一，它是以被分离物质的分子量差异为基础的一种层析方法。此类层析的固相载体是具有分子筛性质的凝胶，目前使用较多的是具有各种孔径范围的葡聚糖凝胶（商品名为 Sephadex）、聚丙烯酰胺凝胶（商品名为 Biogel）以及琼脂糖凝胶（商品名为 Sepharose），此外还有这些凝胶的各类衍生物。本实验以葡聚糖凝胶为例，学习凝胶层析的一般原理及方法。

葡聚糖凝胶是由一定分子量的葡聚糖（右旋糖苷）和甘油基以醚桥（$—O—CH_2—\overset{\overset{\displaystyle OH}{|}}{CH}—CH_2—O—$）形式相互交联形成三维网状结构的一种水不溶性物质。通过控制交联剂环氧氯丙烷和葡聚糖的配比以及交联时的反应条件可控制交联度而获得具有不同"网眼"的凝胶。"网眼"的大小决定了被分离物质能够自由出入凝胶内部的分子量范围，可分离的分子量从几百到数十万不等。

由于凝胶骨架中的多糖链含有大量羟基，因此凝胶具有极强的亲水性，能在水和电解质溶液中膨胀。凝胶的交联度越大，孔径和吸水量越小，因而膨胀度也越小。不同型号的交联葡聚糖用 G 表示（如 G-25，G-100 等），G 后面的数字为凝胶的吸水量［mL（水）/g（干胶）］乘以 10 得到的数，如 G-25 基表示此型号凝胶吸水量是 2.5 mL/g。

进行工作时一般根据待分离物质的分子量大小及工作目的来选择合适的葡聚糖凝胶装填层析柱。待分离的物质通过此柱时，各组分相互之间由于分子量大小各不相同以及在固定相上的阻滞作用的差异而在柱中以不同的速率移动。分子量大于允许进入凝胶"网眼"范围的物质完全被凝胶排阻，不能进入凝胶颗粒内部，受到的阻滞作用小，随着溶剂在凝胶颗粒之间流动，因此流程短，移动速度快而先流出层析柱；分子量小的物质可完全渗入凝胶颗粒，受到的阻滞作用大，流程长，移动速度慢，从层析柱中流出就较晚；若物质分子量介于完全排阻和完全渗入凝胶物质的分子量之间，则在二者之间从柱中流出，由此就可达到分离的目的。不同型号的介质可分离蛋白质的分子量范围见表 20-1。

对于混合物中某一被分离成分在凝胶层析柱内的洗脱行为，常用分配系数 K_d 来度量：

$$K_d = \frac{V_e - V_o}{V_1}$$

式中：V_o 为外水体积，即凝胶柱中凝胶颗粒之间所含水或缓冲液体积；V_i 为内水体积，即凝胶颗粒

表 20-1 不同型号的葡聚糖凝胶可分离蛋白质的分子量范围

凝胶规格		吸水量 (mL/g)	膨胀体积 (mL/g)	分子量范围		浸泡时间 (h)	
型号	干颗粒直径（μm）			肽/球状蛋白	多糖	20℃	100℃
G-10	40～120	1.0 ± 0.1	2～3	~700	~700	3	1
G-15	40～120	1.5 ± 0.1	2.5～3.5	~1 500	~1 500	3	1
G-25	粗粒 100～300	2.5 ± 0.2	4～6	1 000～5 000	10～5 000	3	1
G-50	粗粒 100～300	5.0 ± 0.3	9～11	1 500～30 000	500～10 000	3	1
G-75	40～120	7.5 ± 0.5	12～15	3 000～70 000	1 000～50 000	24	3
G-100	40～120	10.0 ± 1.0	15～20	4 000～150 000	1 000～10 000	72	5
G-150	40～120	15.0 ± 1.5	20～30	5 000～400 000	1 000～150 000	72	5
G-200	40～120	20.0 ± 2.0	30～40	5 000～800 000	100～200 000	72	5

内部所含水相的体积；V_e 为洗脱体积，即被分离成分通过凝胶柱所需洗脱液的体积。

当一种被分离成分的分子全排阻时，其洗脱体积就是 V_o，而如果其分子直径小于凝胶孔径下限时，其洗脱体积为 $V_o + V_i$。故在一般情况下，K_d 值分布在 0 和 1 之间，即 $0 \leqslant K_d \leqslant 1$，而洗脱峰都出现在 $V_o \leqslant V_e \leqslant V_o + V_i$ 之间。

本实验采用葡聚糖凝胶 Sephadex G-75 作为固相载体，它适用于分子量范围在 1 500～30 000 之间的多肽与蛋白质的分离。当酪蛋白（分子量 36700）和核黄素（分子量 376）混合物流经层析柱时，酪蛋白不能渗入凝胶颗粒内部，较先流出，核黄素完全渗入凝胶颗粒内部而最后流出。通过绘制洗脱曲线可以清楚地表示出 Sephadex G-75 对两种物质的分离效果。

鉴于凝胶是一种不带电荷的惰性物质，本身不会与被分离物质相互作用，因而分离效果好，重复性高。凝胶层析所需仪器设备简单，操作简便，每次样品洗脱完毕时凝胶已经再生，可反复使用。这些优点使凝胶层析法成为一种应用广泛的分离分析方法。

三、实验用品

【材料】

实验 20-1 中获得的酪蛋白样品

【试剂】

（1）Sephadex G-75，5 g/L 蓝色葡聚糖溶液，酪蛋白，核黄素，蒸馏水，0.1 mol/L NaOH 溶液。

（2）双缩脲试剂：取 1.50 g $CuSO_4 \cdot 5H_2O$，6.0 g 酒石酸钾钠，溶于约 500 mL 蒸馏水，加入 300 mL 2.5 mol/L NaOH 溶液，蒸馏水补足体积为 1 000 mL。

（3）0.1 mol/L 硼酸缓冲液（pH 8.0）

① A 液 [0.1 mol/L 硼酸（H_3BO_3）]：6.18 g H_3BO_3 溶于 1 000 mL 蒸馏水中

② B 液 [0.025 mol/L 硼砂（$Na_2B_4O_7 \cdot 10H_2O$）]：9.54 g $Na_2B_4O_7 \cdot 10H_2O$ 溶于 1 000 mL 蒸馏水中。

③ 将 70 mL A 液与 30 mL B 液混合，即得到 0.1 mol/L 硼酸缓冲液（pH 8.0）

【器材】

玻璃层析柱（1.2 cm×20 cm），烧杯，乳胶管，滴管，玻璃棒，试管，吸量管（5 mL，0.5 mL），试管架，白瓷板，EP 管，水泵，玻璃棉或脱脂棉，球形烧瓶。

四、实验方法

1. 样品的准备

取 0.2 g 酪蛋白样品置于离心管中，加入 0.1 mol/L NaOH 溶液 3 mL，蒸馏水 2 mL，60 ℃水浴使其溶解，放至室温后，调 pH 8.0，加入少量核黄素粉末使溶液饱和，3 000 r/min 离心 5 min，取上清液备用。

2. 凝胶的准备与装柱

称取 3 g Sephadex G-75，加蒸馏水 50 mL，室温溶胀 6 h 以上或沸水浴溶胀 2 h，一般常采用后一种方法。用倾泻法除去凝胶上层水及细小颗粒，反复以蒸馏水洗涤直至无细小颗粒为止（细小颗粒存在会影响层析的流速），然后放在球形烧瓶内，水泵抽气除去气泡，凝胶保存在蒸馏水内。取 1.2 cm×20 cm 的洁净玻璃层析柱，先于底部填少许玻璃棉（或脱脂棉），加入 2 mL 洗脱液 [本实验用 0.1 mol/L 硼酸缓冲液（pH 8.0）]，关闭出口。将溶胀后的凝胶搅匀并加入柱中，待柱中凝胶稍沉降，打开柱的开口，小心添加洗脱液以平衡柱子，柱子平衡好后柱床高度约为 18 cm，关闭出口。装柱过程严禁产生气泡及柱床分层，如有气泡及分层应重装。

3. 装柱效果检查及外水体积测定

将层析柱出口打开，使柱面上溶液流出，直至床面与液面刚好齐平为止（注意：不可使柱面液体流干）。关闭出口，用滴管于床面中心轻轻滴加 10 滴 5 g/L 蓝色葡聚糖溶液，切勿搅动柱床表面。打开出口，使蓝色葡聚糖溶液进入柱床，直至柱面与液面齐平，关闭出口。同上法加入 10 滴洗脱液，待洗脱液完全进柱后，再加入多量的洗脱液进行洗脱。蓝色葡聚糖进柱后，立即开始收集，同时观察蓝色葡聚糖在柱中的移动行为，若蓝色谱带较集中，表明装柱效果良好。待色带流至柱底时，开始按每管 5 滴进行收集。待蓝色液全部流出后，将从蓝色葡聚糖进柱开始所收集的流出液，直至颜色最深的一管的总体积相加，量出体积，即为外水体积。

4. 核黄素与酪蛋白的分离

打开层析柱出口，使柱面溶液流出，直至床面与液面刚好齐平为止（注意：不可使床面液体流干）。关闭出口，将 10 滴酪蛋白及核黄素混合液沿管壁轻轻加于柱面，勿使床面扰动，打开出口，流出液分别收集。控制流速为 10 滴/min，每管收集 10 滴，待样品全部洗脱后停止收集。从无黄色液体的各收集管中每管取溶液 1 滴滴加于白瓷板上，分别滴加 1 滴双缩脲试剂，找到颜色最深的 2 管样品，转至 EP 管，标记后置冰箱 −20℃冷冻保存。

五、实验结果
观察实验结果并解释实验现象。

六、注意事项
1. 处理凝胶时，应使之充分吸收溶胀，注意避免剧烈搅拌，以防止破坏交联结构。
2. 装柱时，凝胶液不可太稀或太黏稠。若太稀，分几次装出的凝胶床往往是不均匀的；而太黏稠，则会出现气泡。
3. 为了获得较好的分离效果，得到清晰的分离区带，起始区带必须尽量狭窄。因此加样量要少，一般最多不能超过床体积的 25%～40%。
4. 严格控制洗脱速度，不宜过快，否则会导致分离不完全。

七、实验后思考
1. 凝胶层析法分离混合样品时，怎样才能得到较好的分离效果？
2. 如果分离几种分子量大于 20 000 的蛋白质，应选用什么型号的葡聚糖凝胶？操作时与本实验有何不同？

八、本实验术语

中文名	英文名
凝胶层析	gel chromatography
凝胶过滤层析	gel filtration chromatography
凝胶排阻层析	gel exclusive chromatography
核黄素	riboflavin
固定相	stationary phase
流动相	mobile phase
硼酸缓冲液	boric acid buffer
分子筛效应	molecular sieve effect
内水体积	inner volume

续表

中文名	英文名
外水体积	outer volume
洗脱体积	elution volume
分配系数	partition coefficient
脱盐	desalination
葡聚糖凝胶	dextran gel/ Sephadex
葡聚糖	dextran
环氧氯丙烷	epichlorohydrin
聚丙烯酰胺凝胶	polyacrylamide gel
琼脂糖凝胶	agarose gel

网上更多学习资源……

◆教学课件　　　◆自测题　　　◆参考文献　　　◆实验报告

▶ 20-3　Folin- 酚试剂法（Lowry 法）测定酪蛋白含量

Determination of Casein Content by Folin-phenol Reagent Method (Lowry Method)

一、目的要求

1. 学习 Folin- 酚试剂法测定蛋白质含量的原理和方法。

2. 进一步掌握分光光度法，包括确定最大吸收波长、制作标准曲线、准确测定未知样品蛋白质含量和正确使用测定仪器等。

二、实验原理

同实验 2-3。

三、实验用品

【材料】

酪蛋白样品溶液：实验 20-2 中经凝胶层析纯化后的酪蛋白样品，根据实际需要以蒸馏水稀释成不同倍数的酪蛋白溶液，冰箱保存待用。

【试剂】

（1）Folin- 酚试剂 A：同实验 2-3。

（2）Folin- 酚试剂 B：同实验 2-3。

（3）标准酪蛋白溶液：根据酪蛋白纯度称量、配制成标准溶液，先用 0.1 mol/L 氢氧化钠溶液润湿、溶解，加蒸馏水，配制成 250 μg/mL 的溶液。

【器材】

同实验 2-3。

四、实验方法

1. 标准曲线制定

（1）取 7 支试管，编号，按下表加入各试剂。

试管编号	1	2	3	4	5	6	7
标准酪蛋白溶液 /mL	0	0.1	0.2	0.4	0.6	0.8	1.0
蒸馏水 /mL	1.0	0.9	0.8	0.6	0.4	0.2	0
Folin– 酚试剂 A/mL	5.0	5.0	5.0	5.0	5.0	5.0	5.0
混匀，室温下放置 10 min							
Folin– 酚试剂 B/mL	0.5	0.5	0.5	0.5	0.5	0.5	0.5

（2）立即摇匀，30℃（或室温下放置）15 min，以 1 号管为对照管，测定 500 nm 处的吸光度。记下各管吸光度，做吸光度 – 酪蛋白浓度曲线。

2. 样品测定

（1）取 2 支试管，编号，按下表加入各试剂。

试管编号	1	2
酪蛋白样品溶液 /mL	0.3	0.1
蒸馏水 /mL	0.7	0.9
Folin– 酚试剂 A/mL	5.0	5.0
混匀，室温下放置 10 min		
Folin– 酚试剂 B/mL	0.5	0.5

（2）测定各管 500 nm 处的吸光度，选取落在标准曲线范围内的样品溶液稀释度，从标准曲线上查出样品溶液的蛋白质含量。

五、实验结果

观察实验结果并解释实验现象。

六、注意事项

1. 进行测定时，加 Folin– 酚试剂 B 要特别小心，因为 Folin– 酚试剂 B 仅在酸性条件下稳定，但该还原反应是在 pH 10 的情况下发生的，故当 Folin– 酚试剂 B 加到碱性铜 – 蛋白质溶液中时必须立即摇匀，以便在磷钨酸 – 磷钼酸试剂被破坏之前还原反应即能发生。

2. 若多肽或蛋白质浓度在 5 ~ 25 μg/mL，波长用 750 nm；若在 25 ~ 100 μg/mL，则采用波长 500 nm 为宜。

3. 呈色反应在 30 min 内即接近极限，在 0.5 h ~ 1.5 h 内颜色略有增加，在 1.5 h ~ 6 h 内颜色稳定不变。

4. Folin– 酚试剂法灵敏度高，样品中蛋白质含量低至 5 μg/mL 即可迅速地测得。但因不同蛋白质中酪氨酸和色氨酸含量不同，显色程度也有所差异。

5. 此法测定原理主要是利用还原反应，故大部分具有还原性的物质均有干扰作用，测定时必须注意。

6. 此法也适用于酪氨酸和色氨酸定量测定。

七、实验后思考

1. 试说明 Folin- 酚试剂法的优缺点。
2. 测定时确定最大吸收波长有何意义？

八、本实验术语

中文名	英文名
酪氨酸	tyrosine（Tyr，Y）
色氨酸	tryptophan（Tyr，W）
磷钼酸盐	phosphomolybdate
磷钨酸盐	phosphotungstate
比色测定	colorimetric determination

网上更多学习资源……

◆教学课件　　◆自测题　　◆参考文献　　◆实验报告

▶ 20–4　SDS- 聚丙烯酰胺凝胶电泳（SDS–PAGE）法测定酪蛋白分子量

Determination of Casein Molecular Weight by SDS-Polyacrylamide Gel Electrophoresis (SDS-PAGE)

一、目的要求

1. 掌握 SDS–PAGE 垂直板电泳的基本原理。
2. 学习 SDS–PAGE 的操作方法，包括制胶、灌胶、加样、电泳、剥胶、染色及脱色等。
3. 用 SDS–PAGE 法测定酪蛋白的分子量。

二、实验原理

SDS- 聚丙烯酰胺凝胶电泳分离蛋白质的原理是根据大多数蛋白质都能与阴离子表面活性剂十二烷基硫酸钠（SDS）按质量比结合成复合物，蛋白质分子所带的负电荷远远超过天然蛋白质分子的净电荷，消除了不同蛋白质分子的电荷效应，使蛋白质按分子大小分离。

浓缩胶中含 Tris-HCl（pH 6.8），缓冲液含 Tris- 甘氨酸（pH 8.3），分离胶中含 Tris–HCl（pH 8.8）。系统中所有组分都含有 1 g/L 的 SDS。样品和浓缩胶中的氯离子形成移动界面的先导边界，而甘氨酸分子则组成尾随边界。在移动界面的两边界之间是一电导较低而电位梯度较陡的区域，它推动样品中的蛋白质前移并在分离胶前沿积聚；此处 pH 较高，有利于甘氨酸的离子化，所形成的甘氨酸离子穿过堆集的蛋白质并紧随氯离子之后，沿分离胶泳动。从移动界面中解脱后，SDS- 蛋白质复合物形成电位和 pH 均匀的区带，泳动穿过分离胶，并按各自分子大小实现筛分分离。

SDS 与蛋白质结合后可引起蛋白质构象的改变。SDS- 蛋白质复合物的流体力学和光学性质表明，它们在水溶液中的形状，近似于雪茄烟形状的长椭圆棒形，不同蛋白质的 SDS 复合物的短轴长度都一样（约为 18Å，即 1.8 nm），而长轴则随蛋白质分子量成正比变化。这样的 SDS- 蛋白质复合物，在凝胶电泳中的迁移率，不再受蛋白质原有电荷和形状的影响，而只受到"椭圆棒的长度"也就是蛋白质分子量的函数的影响。

蛋白质在 SDS 和巯基乙醇的作用下，会完全变性和解聚，解离成亚基或单个肽链，因此测定的结果只是亚基或单条肽链的分子量。

SDS-聚丙烯酰胺凝胶的有效分离范围取决于凝胶单体聚丙烯酰胺的浓度和交联度。在没有交联剂的情况下聚合的丙烯酰胺形成毫无价值的黏稠溶液，而经交联剂双丙烯酰胺交联后，凝胶的刚性和抗张强度都有所增加，并形成大小均一的小孔。这些小孔的孔径随双丙烯酰胺与丙烯酰胺的摩尔比的增加而变小，比率接近 1：20 时孔径达到最小值。SDS 聚丙烯酰胺凝胶大多按双丙烯酰胺与丙烯酰胺的摩尔比为 1：29 配制，试验结果表明它能分离分子量大小相差只有 3% 的蛋白质。

凝胶的筛分特性取决于它的孔径，而孔径又是灌胶时所用丙烯酰胺和双丙烯酰胺绝对浓度的函数。用 5%~15% 的丙烯酰胺所灌制凝胶的线性分离范围见下表。

* 丙烯酰胺浓度 /%	线性分离范围 /kD
15.0	12~43
10.0	16~68
7.5	36~94
5.0	57~212

* 双丙烯酰胺与丙烯酰胺摩尔比为 1：29。

三、实验用品

【材料】

酪蛋白样品溶液：同实验 20-3，选取稀释至 1 mg/mL 的酪蛋白溶液。

【试剂】

（1）1.5 mol/L Tris-HCl（pH 8.8）100 mL：取 Tris 18.2 g，溶于 50 mL 蒸馏水中，缓慢加入浓盐酸（约 4.0 mL）调 pH 8.8，冷却至室温后，稀释至 100 mL。

（2）1.0 mol/L Tris-HCl（pH 6.8）100 mL：取 Tris 12.1 g，溶于 50 mL 蒸馏水中，缓慢加入浓盐酸（约 8.0 mL）调 pH 6.8，冷却至室温后，稀释至 100 mL。

（3）300 g/L 丙烯酰胺溶液：取丙烯酰胺 29.2 g，双丙烯酰胺 0.8 g，以温热（以利于溶解双丙烯酰胺）的去离子水溶解后加水至 100 mL，贮存于棕色瓶中，置 4℃ 保存。

（4）100 g/L SDS 溶液：取 SDS 10.0 g，溶于 100 mL 温蒸馏水中。

（5）1 g/L 过硫酸铵溶液：取 0.10 g 过硫酸铵加蒸馏水至 100 mL，应现用现配。

（6）电极缓冲液（pH 8.3）：含 25 mmol/L Tris，250 mmol/L 甘氨酸，1 g/L SDS，用 HCl 调 pH 至 8.3。

（7）上样缓冲液（5×），10 mL：将 0.6 mL 1 mol/L Tris-HCl（pH 6.8），5 mL 50% 甘油溶液，2 mL 100 g/L SDS 溶液，0.5 mL β-巯基乙醇，1 mL 10 g/L 溴酚蓝溶液和 0.9 mL 水混合均匀，在 4℃ 可存放几周，-20℃ 可存放几个月。

（8）考马斯亮蓝 R-250 显色液：取 1.0 g 考马斯亮蓝 R-250 溶于 450 mL 甲醇溶液、450 mL H$_2$O 和 100 mL 无水乙酸的混合溶液中。

（9）脱色液：将 100 mL 甲醇，100 mL 无水乙酸和 800 mL 蒸馏水混合。

（10）蒸馏水，N,N,N',N'-四甲基乙二胺（TEMED）。

【器材】

垂直板电泳槽，直流稳压电源，玻璃板，电泳梳，微量移液器（50 μL，100 μL），细长胶头滴管，刀片，抽气瓶。

四、实验方法

1. 按要求搭好垂直板电泳装置（图 20-1）。

2. 分离胶制备：按下表操作，每组配制 10 mL 10% 分离胶液。由于过硫酸铵启动聚合反应，因此最后加入。

组分	用量 /mL
蒸馏水	4.0
300 g/L 丙烯酰胺溶液	3.3
1.5 mol/L Tris-HCl（pH8.8）	2.5
100 g/L SDS 溶液	0.10
TEMED	0.004
1 g/L 过硫酸铵溶液	0.10

3. 将新鲜配制的分离胶溶液倒入平行的两块玻璃板中，注意留出足够的空间给后加入的样品胶（常常留出距离顶部 1 cm 的空间）。在胶液上小心加入水层以形成水平的胶平面，加入水层时小心勿破坏胶平面。静置至少 30 min，等待胶凝。

4. 倾去胶面上的水层，胶上层应形成很平的平面。凝胶过程观察：分界面先出现，然后又消失，再次出现时，表示胶已凝结，记录凝胶时间。

5. 浓缩胶（又称积层胶）制备：按下表操作，每组配制 5 mL 分离胶液。由于过硫酸铵启动聚合反应，因此最后加入。

组分	用量 /mL
蒸馏水	3.40
300 g/L 丙烯酰胺溶液	0.83
1.0 mol/L Tris-HCl（pH6.8）	0.63
100 g/L SDS 溶液	0.05
TEMED	0.005
1 g/L 过硫酸铵溶液	0.05

6. 从分离胶胶面上移去覆盖水后，速将浓缩胶加到分离胶上面。

7. 加样槽制备：在浓缩胶聚集前，迅速插入电泳梳形成加样槽。确保电泳梳是清洁的，不带有其他物质，电泳梳周围无气泡。如果有气泡，可微微倾斜胶块，并轻敲气泡周围的玻璃板以赶走气泡。由于浓缩胶在聚合过程中会收缩，因此加浓缩胶液时须稍稍超过板平面，室温下至少聚合 30 min。

8. 在上下电泳槽中注入电极液，轻轻取出电泳梳，确保与电极液接触的胶面上没有气泡产生。加样孔中应注满电极液，无气泡及凝胶碎片。如有气泡，可用微量移液器赶出。确保两电泳槽无间隙，只有两电泳槽完全分开，电流才能通过胶块。

9. 酪蛋白样品预处理：将 20 μL 酪蛋白样品与 20 μL 上样缓冲液（5×）混合后，置沸水浴加热 5 min，取出冷却至室温。该步骤是为了保证蛋白质样品完全变性。

10. 上样：可用微量移液器上样，小心加入，确保在样品槽底部形成一层溴酚蓝样品溶液，加样时注意不要破坏胶面。几位同学可分享一块胶。

11. 电泳：连接电源，底部接正极。电泳采用 200 V 电压，直到溴酚蓝指示剂接近凝胶底部为止，断电停止电泳。溴酚蓝是一种小分子阴性染料，在电场中的迁移速度比任何蛋白质样品都快。电泳完毕后关闭电源，取下电极。

12. 剥胶：轻轻从装置上取下胶块，用刀片插入两玻璃板的一角间，轻轻撬开两玻璃板，切去样品胶，丢弃。

13. 固定和染色：将胶块轻轻转入 50 mL 考马斯亮蓝 R-250 显色液中固定显色 1 h。

14. 脱色：倾去显色液（显色液可重复利用），倒入脱色液脱色 1 h，中间每隔 15 min 换液一次，直至蓝色蛋白质条带显现且背景清晰。

15. 胶块可用于拍照或干燥后永久保存，也可于 7% 乙酸中长久保存。

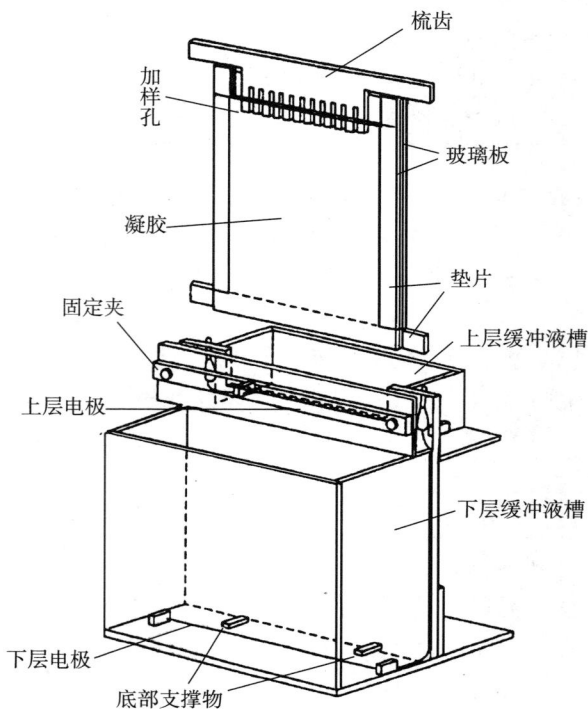

图 20-1　垂直板电泳装置示意图

五、实验结果

1. 测量每一条蛋白质条带中心到上样孔底部的距离（mm），同时测定上样孔底部到溴酚蓝染料条带中心的距离（mm）。

2. 按以下公式计算每一蛋白质条带的 R_f 值。

$$R_f = \frac{d_1}{d_2}$$

式中：d_1 为蛋白质条带迁移距离（mm），d_2 为溴酚蓝条带迁移距离（mm）。

3. 用每一种标准蛋白质样品的 R_f 值对其分子量的对数值作图，可得标准曲线。

4. 根据酪蛋白的 R_f 值可在标准曲线上找到相对应的点，从而测得未知蛋白的分子量。

六、注意事项

1. 制胶时应注意不能产生气泡。加水覆盖勿扰动胶面。

2. 丙烯酰胺及双丙烯酰胺的原液会由于水解作用而形成丙烯酸和 NH_3，原液装在棕色瓶中，贮于冰箱（4℃），能部分防止水解，但也只能贮存 1~2 个月；可用测 pH 的方法来检查是否失效

（正常情况下 pH 在 4.9 ~ 5.2），失效溶液不能聚合。

3. 丙烯酰胺和双丙烯酰胺是神经性毒剂，对皮肤有刺激作用。操作时必须戴医用手套，避免与皮肤接触。TEMED 应密封避光保存。作为聚丙烯酰胺凝胶聚合时的加速剂，亦可用三乙醇胺或二甲氨基丙腈（DMPN）代替。

4. 电泳后迅速剥胶，防止色带扩散。

七、实验后思考

1. SDS-PAGE 和凝胶层析两种测蛋白质分子量的方法有何不同？

2. SDS-PAGE 中 SDS 的生物学功能是什么？

3. 上、下槽电极缓冲液用过一次后，是否可以混合后再用？为什么？

八、本实验术语

中文名	英文名
聚丙烯酰胺凝胶	polyacrylamide gel electrophoresis（PAGE）
十二烷基硫酸钠	sodium dodecyl sulfate（SDS）
丙烯酰胺	acrylamide（Acr）
双丙烯酰胺	bisacrylamide（Bis）
$N,N,N',N'-$ 四甲基乙二胺	$N,N,N',N'-$Tetramethylethylenediamine（TEMED）
过硫酸铵	ammonium persulphate（AP）
三羟甲基氨基甲烷	tris（hydroxymethyl）methyl aminomethane（Tris）
电泳缓冲液	running buffer
考马斯亮蓝	Coomassie brilliant blue（CBB）
分离胶	running gel
浓缩胶	stacking gel
$\beta-$ 巯基乙醇	beta-mercaptoethanol
溴酚蓝	bromophenol blue
甘油	glycerol
甘氨酸	glycine（Gly，G）
加样	loading sample
剥胶	gel detachment
染色	stain
脱色	destain
比移值	retention factor value（R_f）
分子量	molecular weight（MW）

网上更多学习资源……

◆教学课件　　◆自测题　　◆参考文献　　◆实验报告　　◆操作视频

► 20-5 酪蛋白的两性反应和等电点测定

Amphoteric Reaction and Isoelectric Point Determination of Casein

一、目的要求

1. 了解蛋白质的两性反应和两性解离性质。
2. 掌握测定蛋白质等电点的方法。

二、实验原理

蛋白质由氨基酸所组成,虽然绝大多数氨基酸的氨基与羧基已结合成为肽键,但是总有一定数量的自由氨基与自由羧基,以及酚基、巯基、胍基和咪唑基等酸碱基团。因此,蛋白质和氨基酸一样,是两性电解质,具有两性解离性质。调节溶液的 pH 达到一定的氢离子浓度时,蛋白质分子所带的正电荷与负电荷相等,以兼性离子状态存在。在电场中,该蛋白质既不向阴极移动,也不向阳极移动,此时溶液的 pH 称为该蛋白质的等电点(以 pI 表示)。当溶液的 pH 低于蛋白质等电点时,蛋白质分子带正电荷成为阳离子;当溶液的 pH 高于蛋白质等电点时,蛋白质分子带负电荷成为阴离子。

在等电点时,蛋白质溶解度最小,容易沉淀析出。若配制体积相等的一系列不同 pH 的缓冲溶液,在其中各加入等量的某蛋白质溶液,混匀后静置一段时间,观察并比较各管的混浊度,即可知最混浊的那个试管中溶液 pH 即是该蛋白质的等电点。

三、实验用品

【试剂】

(1)5 g/L 酪蛋白溶液(以 0.01 mol/L NaOH 作溶剂)

(2)0.4 g/L 溴甲酚绿指示剂:准确称取 0.4 g 溴甲酚绿粉末,溶于少量 95% 乙醇溶液,后移入 1 000 mL 容量瓶,用 95% 乙醇溶液定容至刻度。变色范围为 pH 3.8 ~ 5.4,酸式为黄色,碱式为蓝色,中间式为绿色。

(3)酪蛋白 – 乙酸钠溶液:取纯酪蛋白 0.25 g 置于 50 mL 容量瓶中,加水约 20 mL 及 1 mol/L NaOH 5 mL,待酪蛋白完全溶解后,加入 1 mol/L 无水乙醇 5 mL,用水稀释到 50 mL,混匀;或将酪蛋白溶于 0.1 mol/L 乙酸钠溶液中。

(4)0.02 mol/L 盐酸,0.02 mol/L 氢氧化钠溶液,0.10 mol/L 乙酸溶液,0.01 mol/L 乙酸溶液,1.00 mol/L 乙酸溶液,蒸馏水。

【器材】

试管,试管架,移液器(1 mL,2 mL,5 mL),滴管。

四、实验方法

(一)酪蛋白的两性反应

1. 取一支试管,加 5 g/L 酪蛋白溶液 1 mL 和 0.4 g/L 溴甲酚绿指示剂 5 滴,混匀,观察溶液颜色变化并思考原因。

2. 用滴管慢慢加入 0.02 mol/L 盐酸,随滴随摇,至有明显的大量沉淀产生时,这时溶液的 pH 接近于酪蛋白的等电点,观察溶液颜色的变化。

3. 继续滴加 0.02 mol/L 盐酸,观察沉淀和溶液颜色变化并思考原因。

4. 再滴入 0.02 mol/L 的氢氧化钠溶液,直至将第 3 步加的盐酸中和时,沉淀又会出现,思考其原因。继续滴入 0.02 mol/L 氢氧化钠溶液，观察沉淀和溶液颜色变化并思考原因。

（二）酪蛋白等电点的测定

1. 取直径相似的干燥试管 5 支，按下表所示，准确加入试剂。

试管编号	1	2	3	4	5
蒸馏水 /mL	2.4	–	3.0	1.5	3.4
1.00 mol/L 乙酸 /mL	1.6	–	–	–	–
0.10 mol/L 乙酸 /mL	–	4.0	1.0	–	–
0.01 mol/L 乙酸 /mL	–	–	–	2.5	0.6
酪蛋白 – 乙酸钠溶液 /mL	1.0	1.0	1.0	1.0	1.0
溶液最终 pH	3.5	4.1	4.7	5.3	5.9
混浊度					

2. 加毕摇匀，即配成不同 pH 的缓冲液，各管内溶液的 pH 如表中所示。静置约 30 min，观察各试管溶液的混浊度，以 –、+、++、+++ 表示。

五、实验结果

1. 观察加入盐酸或氢氧化钠后溶液颜色及沉淀量的变化，确定酪蛋白的等电点。
2. 根据酪蛋白等电点测定结果，指出酪蛋白达到其等电点时溶液的 pH，并说明判断依据。

六、注意事项

1. 滴加盐酸或氢氧化钠时要慢慢滴加，边滴边摇，及时记录实验中观察到的现象。
2. 测定酪蛋白等电点时，各种试剂的浓度和加入量必须相当准确，实验中应严格按照定量分析的要求和操作进行。

七、实验后思考

1. 在蛋白质两性反应及酪蛋白等电点测定这两个实验中，所用的酪蛋白溶液是不同的，它们有何区别？能否将它们互换使用？为什么？请设计其他的等电点测定方法。
2. 是否所有的蛋白质均可用此法测定其等电点？
3. 在分离蛋白质时，等电点有何实际意义？

八、本实验术语

中文名	英文名
等电点	isoelectric point（pI）
溴甲酚绿	bromocresol green
兼性离子	amphoteric ion/zwitterion
乙酸钠	sodium acetate
乙酸	acetic acid
两性反应	amphoteric reaction
沉淀	precipitation

续表

中文名	英文名
混浊度	turbidity
滴加	dropwise
缓冲液	buffer

网上更多学习资源……

◆教学课件　　◆自测题　　◆参考文献　　◆实验报告

实验 21　药物对小鼠炎症组织相关生化指标的影响

Effects of Drug Treatment on Biochemical Indices of Inflammatory Mice Tissues

▶ 21-1　DSS 诱导急性溃疡性结肠炎小鼠模型建立和盐酸小檗碱给药

Preparation of DSS Induced Ulcerative Colitis Mice Model and
Treatment by Berberine

一、目的要求

1. 掌握 DSS 诱导建立溃疡性结肠炎小鼠模型的方法。
2. 了解炎症性肠病的分类和病理学特点。

二、实验原理

溃疡性结肠炎是一种肠道炎症性疾病，病变部位主要涉及部分直肠或直肠基底，病变严重时会蔓延至整个结肠。溃疡性结肠炎易复发，若不及时治疗，长期发展极易发生癌变。

建立溃疡性结肠炎动物模型用于治疗药物的研究是非常必要的手段。采用硫酸葡聚糖钠（DSS，分子量 36000–50000）诱导溃疡性结肠炎模型是常用的造模方法。DSS 是人工合成的一种硫酸盐形式多聚糖，具有抗凝血、抗止血的作用。DSS 诱导的动物模型和人类疾病具有相似的免疫学反应、临床表现，容易制备并且模型成功率高。

本实验用 DSS 诱导构建急性溃疡性结肠炎动物模型，小檗碱灌胃治疗，观察药物对溃疡性结肠炎的治疗作用。

三、实验用品

【材料】

C57BL/6 雌性小鼠：SPF 级，体重 20 ± 3 g，饲养于通风、相对湿度（50% ~ 60%）、室温（25 ± 3℃）、12 h 昼夜交替以保证小鼠的昼夜生物节律的 SPF 级动物房，自由进食和饮水。实验前适应环境饲养一周。

【试剂】

（1）50 g/L DSS 溶液：准确称取 25 g DSS 溶于 500 mL 双蒸水中，充分溶解后 4℃储存备用。

（2）1 g/L 羧甲基纤维素钠（CMC–Na）溶液：准确称取 0.5 g CMC–Na 粉末，均匀撒在 500 mL 的双蒸水表面上，让其自由溶胀 30 min 后，搅拌使 CMC–Na 充分溶解。4℃储存备用。

（3）盐酸小檗碱（BBR）溶液：准确称取 0.3 g 盐酸小檗碱片（有效成分为 0.1 g）溶于 10 mL 1 g/L CMC–Na 溶液中，配制成 0.03 g/mL 的 BBR 混悬液，涡旋、超声使其充分溶解。4℃储存备用。

（4）双蒸水，生理盐水，40 g/L 多聚甲醛溶液。

【器材】

注射器（1 mL），移液器，小鼠灌胃针（12 号），磁力加热搅拌器，恒温水浴锅，分析天平，离心机，EP 管，冰箱，直尺。

四、实验方法

1. 急性溃疡性结肠炎模型建立与动物分组

（1）急性溃疡性结肠炎模型小鼠自由饮用 50 g/L DSS 溶液，造模 7 天，正常饮用双蒸水 3 天后处死（图 21-1）。空白对照组自由饮用双蒸水 10 天。

（2）30 只 C57BL/6 雌性小鼠，适应性饲养一周后，随机分为 3 组，每组 10 只，具体如下。

① 空白对照组：正常饮水，从第三天开始每天给予 1 g/L CMC-Na 溶液灌胃。

② 50 g/L DSS 模型组（50 g/L DSS）：按照图 21-1 建立急性溃疡性结肠炎模型，从第三天开始每天给予 1 g/L CMC-Na 溶液灌胃。

③ 小檗碱组（BBR）：按照图 21-1 建立急性溃疡性结肠炎模型，从第三天开始每天给予 0.1 g/kg 的 BBR 灌胃。

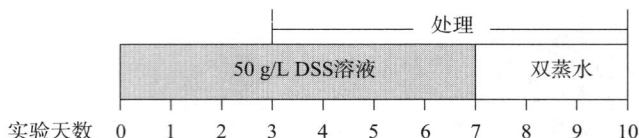

图 21-1 急性溃疡性结肠炎小鼠模型建立流程

2. 小鼠疾病活动指数（DAI）

每天观察小鼠的精神状态、粪便性状、隐血情况等，并结合体重变化，综合评分以评价结肠黏膜的炎症程度，详见下表。

体重下降 /%	粪便性状	隐血情况	记分
0	正常粪便	正常	0
1～5	松散粪便	大便隐血	1
5～10	松散粪便	大便隐血	2
10～15	稀便	肉眼血便	3
>15	稀便	肉眼血便	4

注：正常粪便：成形粪便；松散粪便：不黏附于肛门的糊状、半成形粪便；稀便：可黏附于肛门的稀水样粪便。

3. 动物处理

测定小鼠体重并记录，摘眼球取血，脱颈椎处死小鼠。迅速剖取完整的结肠组织，直尺测量结肠长度并记录。用冰浴的生理盐水冲洗结肠至干净，吸水纸吸干并称取结肠质量。剪取约 0.5 cm 结肠末端，置于 40 g/L 多聚甲醛溶液中固定，供切片、HE 染色用。剪取相同部位的结肠组织 0.06 g，-20℃保存，用于生化指标的检测。剩余结肠置于 2 mL EP 管中，液氮淬灭，快速转移至 -80℃冰箱保存，以备后续实验使用。

五、实验结果

1. 每日记录各组小鼠体重，绘制小鼠体重变化折点图。
2. 比较各组小鼠结肠质量 / 结肠长度变化。

六、注意事项

造模过程中，应每天观察小鼠状态，如果在造模初期小鼠出现血便严重的情况，可适当降低 DSS 溶液浓度。

七、实验后思考

1. 目前治疗溃疡性结肠炎的药物主要有哪几种?

2. 实验过程中，为什么要设置空白对照组?

八、本实验术语

中文名	英文名
炎症性肠病	inflammatory bowel disease（IBD）
溃疡性结肠炎	ulcerative colitis（UC）
硫酸葡聚糖钠	dextran sulfate sodium（DSS）
腹泻	diarrhea
直肠的	rectal
腹部的	abdominal
盲肠	caecum
结肠	colon
炎症	inflammation
光周期	photoperiod
小檗碱	berberine（BBR）
涡旋	vortex
超声	ultrasound
羧甲基纤维素钠	sodium carboxymethyl cellulose（CMC-Na）
疾病活动指数	disease activity index（DAI）
灌胃	gavage

▶ **21-2　谷胱甘肽（GSH）的测定**

Determination of Glutathione (GSH)

一、目的要求

1. 掌握 GSH 作为组织炎症损伤指标的生化检测方法。

2. 掌握动物组织总蛋白含量测定的方法。

3. 了解 GSH 的生物学功能。

二、实验原理

　　GSH 具有抗氧化的作用，GSH 含量的降低可以直接导致氧化还原系统的失衡，造成组织损伤。溃疡性结肠炎在发生炎症反应的同时，往往也伴随有氧化性损伤。GSH 和无色的 DTNB 反应，在谷胱甘肽过氧化物酶（GSH-Px）催化下可以生成黄色的 5-巯基-2-硝基苯甲酸阴离子，在 415 nm 波长处有最大吸收峰，测定该离子的浓度，即可换算出 GSH 的含量。组织中的 GSH 含量以组织中每毫克蛋白质所含有的 GSH 物质的量来表示。

三、实验用品

【材料】

小鼠结肠组织，源自实验 21-1。

【试剂】

（1）GSH 测定试剂

试剂 A：40 g/L 磺基水杨酸。准确称取磺基水杨酸粉末 4 g 溶于 100 mL 蒸馏水中，充分溶解后置于棕色瓶中，4℃储存备用。

试剂 B：0.04 g/L DTNB 溶液。准确称取 40 mg DTNB 粉末溶于 1 000 mL 0.1 mol/L PBS 溶液（pH 8.0）中，充分溶解后置于棕色瓶中，4℃储存备用。

（2）BCA 工作液：根据样品数量，按照试剂 A：试剂 B = 49：1（体积比），配制适量工作液，充分混匀，待用。

（3）蒸馏水，20 μmol/L GSH 标准液，标准蛋白质溶液（1 μg/μL）。

【器材】

剪刀，培养皿，96 孔板，移液器，分析天平，电动匀浆器，超声波细胞粉碎机，酶标仪，离心管，离心机。

四、实验方法

1. 小鼠结肠组织匀浆上清液制备

称取约 0.1 g 小鼠结肠组织，加入 0.9 mL 预冷的生理盐水，冰上剪碎后匀浆，匀浆液于 4℃，8 000 r/min 离心 20 min，取上清液，即得小鼠结肠组织匀浆上清液（样品）。

2. BCA 法测定总蛋白

（1）绘制标准曲线：按照下表依次加入试剂。振荡混匀后，37℃反应 30 min。于 570 nm 处测吸光度，以 0 号孔的吸光度作为空白对照。以标准蛋白质含量（μg）为横坐标，吸光度为纵坐标，绘制标准曲线。

孔号	0	1	2	3	4	5	6	7
标准蛋白质溶液 /μL	0	1	2	4	8	12	16	20
蒸馏水 /μL	20	19	18	16	12	8	4	0
BCA 工作液 /μL	200	200	200	200	200	200	200	200
标准蛋白质含量 /μg	0	1	2	4	8	12	16	20

（2）样品测定：于 96 孔板中，加入 1 μL 小鼠结肠组织匀浆上清液，19 μL 蒸馏水和 200 μL BCA 工作液，混匀，37℃反应 30 min。以 0 号孔为对照，于 570 nm 处测吸光度。根据测得的 A_{570} 值，在标准曲线上便可查得样品的蛋白质含量。计算蛋白质浓度，以查得蛋白质含量除以 20（μL），再乘以相应稀释倍数即为实际浓度。

3. GSH 含量测定

取 100 μL 小鼠结肠组织匀浆上清液，加入 100 μL 的 40 g/L 磺基水杨酸混匀，4℃ 8 000 r/min 离心 10 min，取 50 μL 上清液按如下步骤操作。

试剂（μL）	测定管	标准管	空白管
上清液	50	–	–
20 μmol/L GSH 标准液	–	50	–
40 g/L 磺基水杨酸	–	–	50
DTNB 溶液	450	450	450

从加第一个孔开始倒计时 10 min，加完立即放入抽屉避光，反应结束后立即取 300 μL 于 415 nm 处测定吸光度。按公式计算。

五、实验结果

小鼠结肠组织匀浆上清液中的 GSH 含量（μmol/mg）$= \dfrac{（测定管\,A_{415} - 空白管\,A_{415}）\times c \times N}{（标准管\,A_{415} - 空白管\,A_{415}）\times m}$

式中：c 为标准管中 GSH 的含量（20 μmol/L），N 为小鼠结肠组织匀浆上清液中的稀释倍数，m 为小鼠结肠组织匀浆上清液的蛋白质含量（mg/mL）。

六、注意事项

进行 GSH 测定时，每加一孔开始反应一定要注意避光，加完立即放入抽屉避光，反应结束后立即取反应液进行测定。

七、实验后思考

1. GSH 的抗氧化机制是什么？
2. 为什么测定 GSH 含量要对组织中的总蛋白进行定量？

八、本实验术语

中文名	英文名
谷胱甘肽	glutathione（GSH）
抗氧化剂	antioxidant
氧化还原系统	redox system
磷酸盐缓冲溶液	phosphate buffer saline（PBS）
水杨酸	sulfosalicylic acid

▶ 21-3　丙二醛（MDA）的测定

Determination of Malondialdehyde (MDA)

一、目的要求

1. 掌握 MDA 作为组织炎症损伤指标的生化检测方法。
2. 了解 MDA 的生物学功能。

二、实验原理

丙二醛（MDA）是细胞膜脂质过氧化终产物之一，常用来评价氧化损伤。常常采用硫代巴比妥酸（TBA）法测定结肠组织中 MDA 含量。1 个 MDA 分子与 2 个 TBA 分子在酸性条件下共热，生成粉红色复合物，在波长 532 nm 处有最大吸收峰，据此可利用分光光度法测定 MDA 含量。

三、实验用品

【材料】
小鼠结肠组织匀浆上清液：取 0.1 g 小鼠结肠组织，制备方法同实验 21-2。

【试剂】

（1）MDA 测定试剂

试剂 A：8 g/L 硫代巴比妥酸。准确称取 0.8 g 硫代巴比妥酸粉末溶于 100 mL 双蒸水中，充分溶解，4℃储存备用。

试剂 B：0.2 mol/L 乙酸盐缓冲液。准确量取乙酸溶液 1.111 mL，准确称取乙酸钠粉末 0.123 g，溶于 100 mL 双蒸水中，充分溶解，4℃储存备用。

（2）81 g/L 十二烷基硫酸钠（SDS）溶液：称取 0.81 g 的 SDS，加入 10 mL 蒸馏水，加热溶解至澄清，放于 4℃冰箱中保存。

（3）8 g/L 硫代巴比妥酸（TBA）溶液：称取 0.8 g 的 TBA，加入 100 mL 蒸馏水，煮沸溶解至澄清，放于 4℃冰箱中避光保存。

（4）40 nmol/mL 四乙氧基丙烷溶液，蒸馏水。

【器材】

冻存管（2 mL），EP 管（2 mL），721 型分光光度计，比色皿，移液器，分析天平，涡旋振荡仪，离心机，恒温水浴锅。

四、实验方法

用 2 mL 冻存管标号，按下表加样，旋紧盖子，混匀后，避光于 96℃恒温水浴锅上加热 30 min。取出后迅速用自来水冲洗管体冷却，将管内液体转移至 2 mL EP 管中，4℃ 8 000 r/min 离心 10 min。取离心后的上清液 300 μL，于 532 nm 波长处测吸光度。

试剂 /μL	空白管	样品管	标准管
蒸馏水（最先加）	266	200	200
小鼠结肠组织匀浆上清液	–	66	–
40 nmol/mL 四乙氧基丙烷溶液	–	–	66
81 g/L SDS 溶液	66	66	66
0.2 mol/L 乙酸盐缓冲液（pH 3.5）	500	500	500
8 g/L TBA 溶液（最后加）	500	500	500

五、实验结果

小鼠结肠组织匀浆上清液中的 MDA 含量（nmoL/mg）=

$$\frac{（样品管\,A_{532}-空白管\,A_{532}）\times 40}{（标准管\,A_{532}-空白管\,A_{532}）\times m}$$

式中：m 为小鼠结肠组织匀浆上清液的蛋白质含量（mg/mL）。

六、注意事项

1. MDA–TBA 显色反应的加热时间，最好控制沸水浴 15~30 min 之内。时间太短或太长均会引起 532 nm 下的吸光度下降。

2. 如待测液混浊，可适当增加离心转速及时间，最好使用低温离心机离心。

七、实验后思考

可测定实验 21–1 中空白对照组、50 g/L DSS 模型组和小檗碱组小鼠结肠组织的 MDA 含量，并分析不同 MDA 含量说明了什么？

八、本实验术语

中文名	英文名
丙二醛	malondialdehyde（MDA）
脂质过氧化物	lipid peroxidation
硫代巴比妥酸	thiobarbituric acid（TBA）
四乙氧基丙烷	tetraethoxypropane

▶ 21-4　髓过氧化物酶（MPO）活力的测定
Determination of Myeloperoxidase (MPO) Activity

一、目的要求
1. 掌握 MPO 作为组织炎症损伤指标的生化检测方法以及 MPO 活力测定方法。
2. 了解 MPO 的生物学功能。

二、实验原理
髓过氧化物酶（MPO）活力是评价中性粒细胞浸润的指标之一。该酶具有使过氧化氢还原的能力，利用此反应可以测定酶的活力。

供氢体邻连茴香胺（AH_2）供氢后生成黄色化合物，可在 460 nm 处通过比色测定黄色化合物的生成量，从而推算出 MPO 的活力。以每克组织在 37℃ 的反应体系中 H_2O_2 被分解 1 μmol 为 1 个酶活力单位。

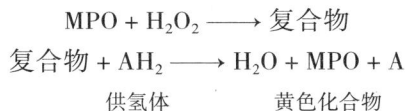

$$MPO + H_2O_2 \longrightarrow 复合物$$
$$复合物 + \underset{供氢体}{AH_2} \longrightarrow H_2O + MPO + \underset{黄色化合物}{A}$$

三、实验用品
【材料】
小鼠结肠组织，源自实验 21-1。

【试剂】
髓过氧化物酶（MPO）测定试剂盒（南京建成科技有限公司，A044-1-1 比色法）

试剂 1：35 mL 缓冲贮备液 1 瓶。使用时按贮备液：双蒸水 = 1:9（体积比）配成缓冲应用液，4℃ 保存。

试剂 2：粉剂 2 支，临用时每支加缓冲应用液 60 mL 溶解。

试剂 3：粉剂 3 支，6 mL 溶剂 3 支，临用时 1 支粉剂倒入 1 支溶剂中溶解，提前一天配制。

试剂 4：24 mL 溶液 1 瓶，临用前置于 37℃ 以上的水中振荡，使溶液透明时方可使用，室温保存。

试剂 5：粉剂 2 支，4℃ 保存。

试剂 6：0.5 mL 溶液 1 支，4℃ 保存。

显色剂的配制：临用时将试剂 5 粉剂 1 支加到 100 mL 缓冲应用液中，充分摇匀，待粉剂完全溶解后再加入试剂 6 0.1 mL，充分混匀，配制好的显色剂 4℃ 避光保存。

试剂 7：6 mL 溶液 1 支，4℃ 可保存 6 个月。

【器材】

移液器，酶标仪，EP 管，漩涡振荡仪，离心机，恒温水浴锅。

四、实验方法

1. 准确称取小鼠结肠组织 0.1 g，以配制好的试剂 2 溶液为匀浆介质，按质量体积比为 1∶19 加匀浆介质制备成小鼠结肠组织匀浆。

2. 取小鼠结肠组织匀浆 0.9 mL，加试剂 3 0.1 mL，充分混匀后 37℃水浴 15 min，取出后作为待测样本。按如下步骤分别加入以下样本与试剂。取出后立即在 460 nm 处测各管吸光度。

样本与试剂 /mL	对照管	测定管
双蒸水	3	–
待测样本	0.2	0.2
试剂 4	0.2	0.2
显色剂	–	3
混匀，37℃水浴 30 min		
试剂 7	0.05	0.05

五、实验结果

根据以下公式计算 MPO 活力

$$MPO\ 活力 = \frac{测定管\ A_{460} - 对照管\ A_{460}}{11.3 \times m}$$

式中：11.3 为试剂盒所载的 MPO 标准曲线斜率的倒数；m 为小鼠结肠组织的质量（g）。

六、注意事项

混匀非常重要，用漩涡振荡仪，要使液体充分混匀。

七、实验后思考

1. 简要说明组织 MPO 含量和组织氧化型损伤之间的关系。
2. 简述酶活力测定的注意事项。

八、本实验术语

中文名	英文名
髓过氧化物酶	myeloperoxidase（MPO）
邻连茴香胺	anisidine（AH$_2$）
缓冲储备液	buffer storage solution
匀浆	homogenate
旋涡混合仪	whirlpool mixer

实验 22 含非天然氨基酸绿色荧光蛋白的表达纯化和性质测定

Expression, Purification and Property Determination of Green Fluorescent Protein Containing Non-natural Amino Acids

▶ 22-1 绿色荧光蛋白的表达

Expression of Green Fluorescent Protein

一、目的要求

1. 学习诱导蛋白质表达的方法。
2. 掌握离心机、微量移液器等常规仪器的使用。
3. 掌握无菌操作及其原理。

二、实验原理

20 世纪中期，日本科学家下村修 [图 22-1（a）] 着手研究水母自体发光现象，并发现其荧光源自一种会发光的蛋白——水母蛋白，它可以发出蓝色的荧光并将其传递给另一种绿色荧光蛋白，最终使水母产生绿色的荧光 [图 22-1（b）]。随后马丁·查尔菲 [图 22-1（c）] 及钱永健 [图 22-1（d）] 对 GFP 加以改造和利用，并正式将其成功引入整个生命科学领域，引发了一场生命科学领域细胞及蛋白研究技术的革命。迄今为止，绿色荧光蛋白的许多不同颜色的突变体已被改造设计利用，改造后的绿色荧光蛋白标记活体细胞的方法已在世界各实验室得到广泛推广，而下村修、马丁·查尔菲及钱永健三人也因为他们做出的巨大贡献共同获得了 2008 年诺贝尔化学奖。

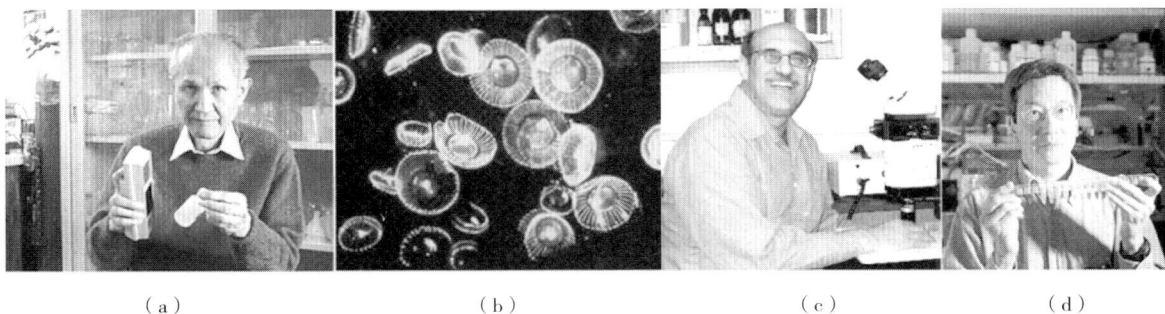

（a） （b） （c） （d）

图 22-1 绿色荧光蛋白及其发现者和应用者

蛋白质的异源表达是获得大量蛋白质的最优方法。原核生物大肠杆菌（*E. coli*）的表达是最为简便的手段。可将荧光蛋白基因插入至表达载体中，经扩培、诱导后获得大量含有荧光蛋白的大肠杆菌。经离心收集菌体，破碎细菌，再离心即可获得含有荧光蛋白的上清液。

本实验建立了自转化现有载体开始直到诱导表达等一系列蛋白质表达常规过程，本实验的方法同样可拓展至一般原核生产表达蛋白质过程中。

三、实验用品

【材料】

E. coli DH10B 菌株，含绿色荧光蛋白基因的质粒溶液。

【试剂】

（1）LB 培养基：10 g NaCl，10 g 蛋白胨，5 g 酵母提取物溶解到 800 mL 双蒸水中，调节 pH 7.4 并定容到 1 L，每 20 mL 分装到一个 50 mL 小瓶中，121℃ 20 min 灭菌。

（2）LB 固体培养基：配方同 LB 培养基，在灭菌之前加入 20 g 琼脂粉，灭菌后 60℃ 保温。

（3）0.1 mol/L CaCl$_2$ 溶液：1.11 g CaCl$_2$ 固体溶解在 100 mL 双蒸水中。

（4）氨苄青霉素贮存液：称取 1 g 氨苄青霉素钠盐溶解在 10 mL 双蒸水中，并用 0.22 μm 水系滤膜过滤除菌。

（5）200 g/L L- 阿拉伯糖溶液：称取 20 g L- 阿拉伯糖溶解到 100 mL 双蒸水中，溶解后用 0.22 μm 水系滤膜过滤除菌。

（6）40% 甘油溶液：40 mL 甘油加双蒸水到 100 mL，并高压灭菌。

（7）双蒸水。

【器材】

超净工作台，微量移液器，烧杯，EP 管（1.5 mL），培养皿，三角涂布棒，比色皿，紫外分光光度计，制冰机，冰箱，冷冻离心机，水浴锅，摇床，水循环恒温培养箱，水系滤膜。

四、实验方法

1. 准备工作

（1）实验全程穿实验服，做好个人防护。提前掌握离心机等仪器使用注意事项。

（2）严禁吞咽细菌溶液，若细菌溶液接触皮肤要第一时间冲洗。

（3）4℃ 预冷离心机和 0.1 mol/L CaCl$_2$ 溶液，42℃ 预热水浴锅，37℃ 预热一瓶 LB 培养基和平板。

（4）固体培养基平板：取出保温状态下的固体 LB 培养基，缓慢摇动防止凝固，并室温冷却到 40～50℃，缓慢按照 1∶1 000 的比例滴入氨苄青霉素贮存液；缓慢倒入无菌培养皿，使培养基厚 2～4 mm，待冷却凝固后倒置放置。

2. 感受态细胞的制备

（1）扩培：提前开启紫外光照射超净台 15 min。取 20 mL 灭菌 LB 培养基，按照 1∶100 的稀释比例，加入 200 μL 过夜培养的 *E. coli* DH10B 培养液，置于 37℃ 220 r/min 摇床剧烈振荡约 1.5 h，至 A_{600} 达到 0.3～0.4。

（2）冰浴：将培养物置于冰水混合物中，冰浴 30 min。

（3）离心：分装到 EP 管中，6 000 r/min 4℃ 离心 4 min，并在超净工作台弃去培养基。

（4）重悬：每个 EP 管中加入 600 μL 提前预冷 4℃ 的 0.1 mol/L CaCl$_2$ 溶液，轻柔重悬并迅速插入冰水混合物，冰浴 30 min；接下来与（3）中同样条件离心，弃去上清液；加入 100 μL 0.1 mol/L CaCl$_2$ 溶液，轻柔重悬，并保存在 4℃ 备用。

3. 转化

（1）吸取 5 μL 质粒溶液，加入感受态细胞，并轻轻拨弹管底使之混合均匀并插入冰水混合物孵育 30 min。

（2）42℃ 水浴热激 90 s，并迅速插入冰水混合物孵育 2 min。

（3）加入预热的 600 μL LB 培养基，37℃ 220 r/min 培养 1 h。

（4）取 200 μL 菌液均匀涂布在固体平板上，37℃ 静置倒置培养过夜。

4. 单克隆挑取

（1）取 2 mL LB 培养基，加入 2 μL 氨苄青霉素贮存液。

（2）使用灭菌吸头在平板上挑取分离状态良好、形态正常、较大的单菌落，置于培养基中。

（3）37℃ 220 r/min 培养约 8 h，即获得菌液单克隆。

5. 扩培种子液和保菌

（1）取 20 mL LB 培养基，加入 20 μL 氨苄青霉素贮存液，摇动均匀。

（2）取 200 μL 菌液单克隆加入到上述 LB 培养基中，振荡过夜培养，即获得种子液。

（3）取 700 μL 菌液到 EP 管，并加入 700 μL 40% 甘油，混合均匀于 −20℃ 冻存。

6. 发酵

（1）取 200 mL LB 培养基，加入 200 μL 氨苄青霉素贮存液，混合均匀。

（2）培养基中加入 2 mL 种子液，并 37℃ 220 r/min 培养约 3 h，直到 A_{600} 达到 0.6 ~ 0.8。

（3）取 1 mL 发酵液，12 000 r/min 离心 1 min，弃去上清液，留存菌体置于 4℃。

（4）发酵液中加入 2 mL 200 g/L 阿拉伯糖溶液（诱导剂）。

（5）继续振荡培养 10 ~ 12 h，此时应当可以看到菌体发出淡淡的绿色荧光。

五、实验结果

观察实验结果并解释实验现象。

六、实验后思考

1. 关于本实验

（1）培养基中添加抗生素的作用是什么？

（2）阿拉伯糖的作用是什么？

（3）无菌操作的注意点有哪些？

（4）仔细观察平板，为什么一个大菌落的周围会形成类似卫星的小菌落（卫星菌落）？为什么不能挑取这些小菌落？

（5）制备感受态的过程中为什么要全程低温？

（6）热激的作用是什么？

（7）为什么诱导前要留样？

2. 开放思考题

（1）为什么要采用相对于组成型表达更为麻烦的诱导型表达？

（2）质粒中各组件（*Ori*，*AmpR*，*araBAD* 和 *araC*）的作用分别是什么？

（3）试阐述阿拉伯糖操纵子操纵蛋白诱导表达的原理。

七、本实验术语

中文名	英文名
荧光蛋白	fluorescent protein
绿色荧光蛋白	green fluorescent protein（GFP）
异源表达	heterogeneous expression
大肠杆菌	*Escherichia coli*（*E. coli*）
离心机	centrifuge
氨苄青霉素	ampicillin

续表

中文名	英文名
阿拉伯糖	arabinose（Ara）
感受态细胞	competent cell
质粒	plasmid

▶ 22-2 亲和层析法纯化绿色荧光蛋白

Purification of Green Fluorescent Protein by Affinity Chromatography

一、目的要求

1. 学习大肠杆菌蛋白质提取的方法。
2. 学习采用亲和填料纯化蛋白质。
3. 学习掌握移液枪及离心机的使用。

二、实验原理

金属螯合亲和层析又称固定化金属离子亲和层析，是 1975 年 Paroth 等人提出的蛋白质分离技术。

组氨酸标签（His-tag）是一个融合标签，以 6 个组氨酸残基组合而成，可结合在目的蛋白的 C 末端或 N 末端，形成特殊的结构，以便于进行下一步的纯化及检测。组氨酸（His）的侧链残基上带有 1 个咪唑基团，可以和 Ni^{2+}、Co^{2+} 等过渡金属离子形成配位键而选择性地结合在金属离子上。将金属离子用络合配体固定在层析介质上就获得能够用于分离的介质。Ni^{2+} 在亲和纯化实验中的使用最为广泛，采用 Ni-NTA 的结合方式，会使螯合镍更稳定，能耐受较高浓度的还原剂。镍离子不易脱落，是现在较为常用的针对 His-Tag 的填料。

在纯化过程中，带有 His-Tag 的蛋白质在经过装配了金属离子的层析介质时可以选择性地结合在介质上，而其他的杂质蛋白则不能结合或仅能微弱结合。结合在介质上的带有 His-Tag 的蛋白质可以通过提高缓冲液中的咪唑浓度进行竞争性洗脱，从而得到较高纯度的带有 His-Tag 的蛋白质（图 22-2）。

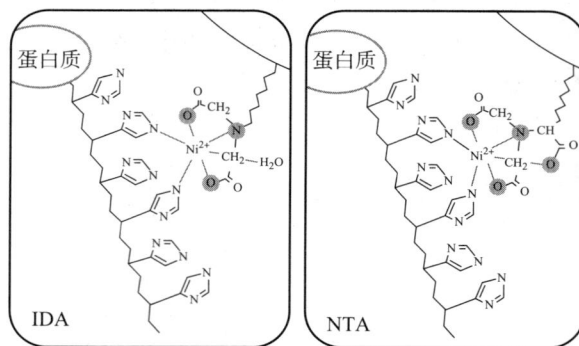

图 22-2 蛋白质洗脱纯化过程

本实验建立从大肠杆菌中初步分离纯化绿色荧光蛋白的实验方法，使实验者对蛋白质类药物的获得有更全面的了解，对这些方法有更加系统的认识。

三、实验用品

【材料】

绿色荧光蛋白大肠杆菌超声破碎液：大肠杆菌来自实验 22-1。

【试剂】

（1）NTA0 溶液：500 mmol/L NaCl，20 mmol/L Tris-HCl，调 pH 7.8。

（2）NTA40 溶液：500 mmol/L NaCl，20 mmol/L Tris-HCl，40 mmol/L 咪唑，调 pH 7.8。

（3）NTA500 溶液：500 mmol/L NaCl，20 mmol/L Tris-HCl，500 mmol/L 咪唑，调 pH 7.8。

（4）NTA 填料（乙醇溶液）：100 mmol/L $NiSO_4$ 溶液，1 mmol/L EDTA-2Na 溶液，40% 甘油溶液。

（5）蒸馏水，100 mmol/L $NiSO_4$ 溶液，1 mmol/L EDTA 溶液，20% 乙醇溶液。

【器材】

试管，EP 管，离心柱，微量移液器，高速离心机。

四、实验方法

1. 亲和离心柱的装配

（1）装料：吸取 0.4 mL NTA 填料，装入离心柱内，套上套管。8 000 r/min 离心 1 min。弃去套管内乙醇溶液。

（2）洗涤：吸取蒸馏水 0.5 mL，装入离心柱内，套上套管。8 000 r/min 离心 1 min。弃去套管内水溶液。

（3）上镍：吸取 100 mmol/L $NiSO_4$ 溶液 0.5 mL，装入离心柱内，用移液枪吹匀，静置 5 min。8 000 r/min 离心 1 min。弃去套管内硫酸镍溶液。

（4）洗涤：吸取 NTA0 溶液 0.5 mL，装入离心柱内，套上套管。8 000 r/min 离心 1 min。弃去套管内 NTA0 溶液。

2. 绿色荧光蛋白的初步分离

（1）收集：取绿色荧光蛋白大肠杆菌超声破碎溶液 1 mL 于 1.5 mL EP 管中。12 000 r/min 离心 2 min。取新 EP 管吸取 40 μL 留样并标记。

（2）上样：取离心后的上清液 0.5 mL，加入已装配好的亲和离心柱中，用移液枪吹匀，静置 5 min。8 000 r/min 离心 1 min。取新 EP 管吸取套管内溶液 40 μL 留样并标记，弃去溶液。重复上样步骤直至绿色荧光蛋白大肠杆菌超声破碎上清液用完。

（3）洗脱杂质蛋白：取 NTA40 溶液 0.5 mL 加入已上完样的亲和离心柱中，用移液枪吹匀，静置 5 min。8 000 r/min 离心 1 min。取新 EP 管吸取套管内溶液 40 μL 留样并标记，弃去溶液。

（4）洗脱目的蛋白：换新 EP 管作为离心柱套管。取 NTA500 溶液 0.54 mL 加入已上完样的亲和离心柱中，用微量移液器吹匀，静置 2 min。8 000 r/min 离心 1 min。吸取 40 μL 留样并标记。其余 500 μL 用于下一个实验。

3. 蛋白质的冻存

向获得的 500 μL 绿色荧光蛋白溶液加入 40% 甘油至甘油终浓度为 20%，-20℃冻存。

4. 填料的清洗及镍的剥离

将 0.5 mL EDTA 溶液加入离心柱中，静置 5 min。8 000 r/min 离心 1 min。用 20% 乙醇溶液重悬填料，吸取放于统一回收试管中。

五、实验思考

1. 关于本实验

（1）绿色荧光蛋白大肠杆菌破碎液组分是什么？为何需要离心？

（2）为什么本实验的绿色荧光蛋白可以采用金属螯合亲和层析法进行分离？

（3）NTA0，NTA40，NTA500 溶液之间有什么区别？在本实验中分别起到什么作用？

（4）为何每步实验操作需要留样及最后统一倒去废液？

（5）推断最终获得绿色荧光蛋白溶液中所含的物质是什么？

2. 开放思考题

（1）有哪些方法用于大肠杆菌的破碎？

（2）还有哪些亲和层析方法用于蛋白质的纯化，请简述方法和原理。

六、本实验术语

中文名	英文名
固定化金属离子亲和层析	immobilized metal ion affinity chromatography（IMAC）
组氨酸标签	histidine-tag（His-tag）
咪唑基团	imidazole group
洗脱	elution
超声破碎液	ultrasonic fragmentation liquid
离心柱	spin column

▶ 22-3 电泳法检测绿色荧光蛋白纯度

Detection of Green Fluorescent Protein Purity by Electrophoresis

一、目的要求

1. 学习丙烯酰胺凝胶的配制。

2. 学习 SDS-PAGE 电泳制样和流程。

3. 学习使用考马斯亮蓝 R-250 对蛋白质条带进行显色。

二、实验原理

聚丙烯酰胺凝胶电泳简称为 PAGE，是一种以聚丙烯酰胺凝胶为介质的常用电泳技术。该凝胶由丙烯酰胺单体和双丙烯酰胺在催化剂过硫酸铵和加速剂 N，N，N′，N′- 四甲基乙二胺（TEMED）催化聚合而成带有三维网状结构的分子筛凝胶。丙烯酰胺浓度越高，则交联的网状结构越细密，相同分子量蛋白在其迁移率越小。由于不同蛋白质分子的分子量不同，在这种网状结构的分子筛凝胶中会呈现不同的迁移率；较大的蛋白质分子所受到的阻力较大因此呈现出较小的迁移率，较小的分子则相反。

变性聚丙烯酰胺凝胶电泳是一种利用聚丙烯酰胺凝胶的分子筛效应来分离不同分子量蛋白的检测方式。由于变性剂或变性条件的加入，蛋白质的空间结构被破坏，致使空间结构不再影响迁移率。同时，阴离子表面活性剂（SDS）和强还原剂（例如 β- 巯基乙醇）的加入会断裂蛋白质分子间氢键和二硫键，这将进一步破坏蛋白质空间结构并促使蛋白质解聚成线性多肽链，解聚的多肽链氨基酸残基侧链和 SDS 形成肽链 -SDS 胶束，其所带有的负电荷远超肽链所原有的电荷量。在变性条件、离子表面活性剂和还原剂的共同作用下，就屏蔽了不同蛋白质分子的电荷及构象差异，使得不同蛋白迁移率仅受其自身分子量影响。

同重力分离不同，SDS-PAGE 电泳采用了外加电场，使蛋白质以较快的速度通过凝胶分子筛，节约了时间的同时提高了分辨率。

SDS-PAGE 电泳所采用的凝胶通常是不连续的，即凝胶分为浓缩胶和分离胶两种丙烯酰胺浓度不同的凝胶。浓缩胶在上层，其浓度较分离胶低，孔径较大，其主要作用是将较稀的样品在浓缩胶—分离胶交界浓缩为一个狭窄条带，其原理和离子迁移和高强电场形成有关；样品缓冲液通常为 Tris-HCl 而 SDS-PAGE 电泳缓冲液通常选取 Tris-Gly 缓冲液。电泳开始后 HCl 解离为氯离子，Gly 解离出少量甘氨酸根离子，同时蛋白质由于 SDS 包裹带有负电荷，三者一起向正极移动。电泳开始时氯离子泳动速率最快，因此在后面形成低电导区，产生高场强电场，使得蛋白质和甘氨酸根离子迅速泳动，当遇到阻力较大的浓缩胶平面时最终趋向形成稳定的界面，使蛋白质得以聚焦形成较窄的条带，提高分辨率；下层分离胶浓度较浓缩胶高，孔径相对较小，分子受到阻力较大并远超除分子筛效应以外其他力的影响，因此起到将不同分子量蛋白质条带分离的作用。

当分离的蛋白质样品分子量在 15～200 kD 之间时，蛋白质的迁移率和分子量呈线性对数关系，符合公式 $\log(MW)=K-bX$，其中 MW 为分子量，X 为迁移率，K，b 为电泳常数。

考马斯亮蓝 R-250 是一种通过分子键和蛋白质碱性基团结合的小分子，其分子量为 824，最大吸收波长在 560～590 nm 之间。它可以与蛋白质发生不可逆结合，因此可以从非蛋白质成分上洗脱。同时，0.2～0.5 μg 蛋白质即可使考马斯亮蓝 R-250 显色，因此考马斯亮蓝 R-250 常用于 SDS-PAGE 凝胶染色。

SDS-PAGE 电泳常用于蛋白质提纯过程中的纯度检测。理论上，纯蛋白质在凝胶染色后只存在一条条带。

三、实验用品

【材料】

样品溶液：实验 22-2 中获得的纯化的绿色荧光蛋白溶液。

【试剂】

（1）1.5 mol/L Tris-HCl（pH 8.8）溶液：称取 18.2 g Tris，溶于 50 mL 蒸馏水中，缓慢加入浓盐酸（约 4.0 mL）调 pH 8.8，冷却至室温后，用蒸馏水稀释至 100 mL。

（2）1.0 mol/L Tris-HCl（pH 6.8）溶液：称取 12.1 g Tris，溶于 50 mL 蒸馏水中，缓慢加入浓盐酸（约 8.0 mL）调 pH 6.8，冷却至室温后，用蒸馏水稀释至 100 mL。

（3）300 g/L 丙烯酰胺溶液：称取 29.2 g 丙烯酰胺、0.8 g 双丙烯酰胺，以温热（以利于溶解双丙烯酰胺）的蒸馏水溶解后，用蒸馏水稀释至 100 mL，贮存于棕色瓶中，置于 4℃保存。

（4）200 g/L SDS 溶液：称取 20.0 g SDS，溶于 100 mL 温热的蒸馏水中。

（5）2 g/L 过硫酸铵溶液：称取 0.20 g 过硫酸铵加蒸馏水至 100 mL，现用现配。

（6）2× 电泳缓冲液（pH 8.3）：含 25 mmol/L Tris、250 mmol/L 甘氨酸、1 g/L SDS，用 HCl 调 pH 至 8.3。

（7）考马斯亮蓝 R-250 显色液：在分析天平上称取 1.25 g 考马斯亮蓝 R-250，将其加入 1 000 mL 锥形瓶中。用量筒分别量取 250 mL 甲醇（或乙醇）、80 mL 乙酸，加入 1 000 mL 锥形瓶中，最后用蒸馏水补足至 1 000 mL。加入试剂的先后顺序为：考马斯亮蓝 R-250、甲醇（或乙醇）、乙酸、蒸馏水。充分混匀后进行过滤，收集滤液备用。

（8）脱色液：用量筒分别量取 250 mL 乙醇、80 mL 乙酸、670 mL 蒸馏水加入烧杯中，待溶液混合均匀后加入广口瓶备用。

（9）2× 样品缓冲液：量取 2.0 mL 0.5 mol/L Tris–HCl（pH 6.8）溶液、2.0 mL 甘油、2.0 mL 200 g/L SDS 溶液、0.5 mL 1 g/L 溴酚蓝指示剂溶液、1.0 mL β– 巯基乙醇、0.5 mL 蒸馏水混合均匀。

（10）四甲基乙二胺（TEMED），蒸馏水。

【器材】

EP 管，烧杯，量筒，金属锅，制胶板，制胶架，移液器，电磁炉，微波炉，电泳电源，电泳槽，电泳梳，广口瓶，锥形瓶，分析天平。

四、实验方法

1. 15% 丙烯酰胺凝胶配制

（1）将制胶板放在制胶架上，加蒸馏水验漏，调整到不漏后倒去蒸馏水。

（2）按照下表配制分离胶。

分离胶（10 mL）	6%	8%	10%	12%	15%
蒸馏水 /mL	5.4	4.7	4.1	3.4	2.4
300 g/L 丙烯酰胺溶液 /mL	2.0	2.7	3.3	4	5
1.5 mol/L Tris–HCl（pH 8.8）溶液 /mL	2.5	2.5	2.5	2.5	2.5
200 g/L SDS 溶液 /mL	0.05	0.05	0.05	0.05	0.05
2 g/L 过硫酸铵溶液 /mL	0.05	0.05	0.05	0.05	0.05
TEMED/mL	0.008	0.006	0.004	0.004	0.004

（3）加入分离胶至距离短玻璃板上边缘 1.5 cm 左右。

（4）沿长玻璃板轻轻加入蒸馏水至水溢出，静置 30 min 左右直到水和胶边缘出现明显分界线。

（5）配制浓缩胶：蒸馏水 6.9 mL，300 g/L 丙烯酰胺溶液 1.7 mL，1.0 mol/L Tris–HCl（pH 6.8）溶液 1.25 mL，200 g/L SDS 溶液 0.05 mL，2 g/L 过硫酸铵溶液 0.05 mL，TEMED 0.01 mL。

（6）加入分离胶，并插入电泳梳，直到胶凝固。

2. 样品制备

（1）取 20 μL 样品溶液到 EP 管，并加入 20 μL 2× 样品缓冲液，混合均匀。

（2）使用电磁炉将水烧开，并持续煮沸混合好的样品溶液 10 min，期间应注意盖子不要弹开。

3. 上样

（1）将胶在制胶架上取下，夹在电泳槽中，验漏后在内槽加满电泳缓冲液。

（2）缓慢提起电泳梳，并在胶上样孔靠近底部使用微量注射器加 15 μL 煮沸后的样品和 Marker。

（3）继续加电泳缓冲液至溢出，直到外槽缓冲液没过内槽金属丝。

4. 电泳

（1）盖上电泳槽盖，正确连接电极至电源。

（2）90 V 恒压电泳 30 min。

（3）120 V 恒压电泳，直到溴酚蓝指示剂泳动到玻璃板下缘。

5. 显色

将胶板撬开，并小心剥离凝胶，将凝胶置于考马斯亮蓝 R–250 显色液，微波炉加热 2 min 至沸腾，放在脱色摇床上缓慢摇动 20～30 min。

6. 脱色

将凝胶在显色液中取出，用蒸馏水清洗干净，并浸入脱色液，微波炉加热 2 min 至沸腾，置于脱色摇床摇动 20 min。重复上述操作，直到背景降低，条带可观察为止。

五、实验结果

观察实验结果并解释实验现象。

六、实验后思考

1. 关于本实验

（1）通过观察条带，思考为什么会出现不止一条条带？

（2）为什么要变换电泳电压？

（3）为什么煮沸后样品就失去了原来荧光？

2. 开放思考题

（1）有哪些方法可以继续纯化蛋白？

（2）为什么样品缓冲液中带有甘油和溴酚蓝？

七、本实验术语

中文名	英文名
聚丙烯酰胺凝胶电泳	polyacrylamide gel electrophoresis（PAGE）
过硫酸铵	ammonium persulphate（APS）
N, N, N′, N′- 四甲基乙二胺	N, N, N′, N′-Tetramethylethylenediamine（TEMED）
分子筛凝胶	gel penetration
电泳缓冲液	running buffer
考马斯亮蓝	Coomassie brilliant blue（CBB）
分离胶	running gel
浓缩胶	stacking gel
氨基酸残基	amino acid residue
溴酚蓝	bromophenol blue

▶ **22-4　绿色荧光蛋白的荧光性质测定**

Determination of Green Fluorescence Properties of Fluorescent Proteins

一、目的要求

1. 学习荧光蛋白产生的荧光原理。

2. 学习测定绿色荧光蛋白的最大激发波长和最大发射波长的方法。

3. 掌握荧光仪的使用方法。

二、实验原理

不同于底物依赖性的生物发光（例如萤火虫体内的荧光素 – 荧光素酶发光系统），绿色荧光蛋白的发光依赖于自身 65Ser-66Tyr-67Gly 残基环化脱氢（两分子 H 和一分子 O）形成生色基团，而氧气是该反应发生的唯一底物，这种特点也是该类蛋白质异源表达后仍具有相关功能的重要基础。

绿色荧光蛋白正确折叠并脱水形成正确构象后，其生色基团上共轭的 π 键吸收激发光能量，分子由基态跃迁至激发态。随后由于分子间热运动加剧，相互碰撞导致能量损失而发生振动弛豫，分子会在极短的时间内由第一电子激发态发生能级跃迁至基态，多余能量以更长的波长释放能量形成荧光，而不需要底物的参与。同时，有实验表明改变生色基团或生色基团空间位置上周围的氨基酸残基，将使得荧光蛋白的吸收和发射光谱发生显著的变化，从而成为不同的荧光蛋白。目前部分由水母绿色荧光蛋白 avGFP 衍生的荧光蛋白如下表。

荧光蛋白名称	突变点	Exλ/nm	Emλ/nm
BFP	Y145F	381	445
CFP	Y66W	456	480
eYFP	S65G/V68L/S72A/T203Y/H231L	513	527

这些荧光蛋白在理化性质上相差不大，而性质的不同也主要体现在荧光的激发波长和发射波长上。因此，测定荧光蛋白的光谱性质在区分荧光蛋白变体上就显得尤为重要。

光谱性质测定的工具主要是荧光仪。荧光酶标仪的光源主要是氙弧灯，由光源发出的光经由切光器变为断续光，经过光单色器变成单色光后即成为激发光；同时激发光穿过样品池，透射光路和 90° 偏折光路滤光片并被光电倍增管接收转换为相应的电信号。

通常荧光仪具有自动扫描光谱的功能。在预扫描阶段会以较长的步长测定该物质的最大吸收波长，之后以该波长的光固定为激发光，以较小步长扫描测定该物质的最大发射波长；最后固定最大发射波长，再次以较小步长扫描测定该物质的最大激发波长。

测定结果以吸光度（A）表示。为了保证测定结果的准确性，减少误差，在测定某种荧光物质时通常选取其最大吸收波长和最大发射波长测定。

三、实验用品

【材料】

实验 22-2 中获得的纯化的绿色荧光蛋白溶液。

【试剂】

校准溶液：含有终浓度为 20% 的 NTA500 溶液。

【器材】

EP 管，荧光比色皿，微量移液器，荧光仪。

四、实验方法

1. 荧光仪校准

（1）提前开机，预热荧光仪 30 min。

（2）将校准溶液 1 mL 加入荧光比色皿。

（3）将荧光比色皿放入荧光仪样品池，应当注意比色皿三个通光孔的位置。

（4）启动机内校准程序，即可完成仪器自动校准。

2. 扫描荧光数据

（1）将绿色荧光蛋白溶液在室温下化冻。

（2）加入 1 mL 绿色荧光蛋白溶液至同一荧光比色皿。

（3）将荧光比色皿放入荧光仪样品池，注意三个通光孔的位置。

（4）启动预扫描程序，该程序将获得溶液最大吸收波长。

（5）以上一步中获得的最大吸收波长为发射波长，启动荧光仪荧光扫描，获得最大发射波长。

（6）固定最大发射波长，启动激发波长扫描，获取最大激发波长数据。

（7）以最大发射波长为激发光波长，启动荧光扫描，再次测定最大发射波长，并与（5）中结果作对比，最终最大发射波长以该步测得为准。

五、实验结果

观察实验结果并解释实验现象。

六、实验后思考

1. 关于本实验

（1）该实验中，为什么要做预扫描测定最大吸收波长？

（2）最大吸收波长为什么会与最大发射波长存在偏差？

（3）实验过程中，为什么要再次测定最大发射波长？

（4）为什么发射光波长会大于激发波长？

2. 开放思考题

（1）校准溶液为什么要用 NTA500 而不用纯水？

（2）该方法可否用于蛋白质纯度的检测？

七、本实验术语

中文名	英文名
绿色荧光蛋白	green fluorescent protein（GFP）
水母绿色荧光蛋白	*Aequoria victoria* green fluorescent protein（avGFP）
荧光酶标仪	fluorescent enzyme labeling instrument
最大吸收波长	maximum absorption wavelength
最大发射波长	maximum emission wavelength
光密度	optical density